信息技术类专业通用教材　　i教育·融合创新一体化教材

数据库原理与应用 微课版

SQLServer 2012

| SHUJUKUYUANLI YU YINGYONG |

主编◎兰　萍

华东师范大学出版社
·上海·

图书在版编目(CIP)数据

数据库原理与应用：SQL Server 2012/兰萍主编. —上海：华东师范大学出版社，2021
ISBN 978-7-5760-1643-7

Ⅰ.①数… Ⅱ.①兰… Ⅲ.①关系数据库系统—中等专业学校—教材 Ⅳ.①TP311.132.3

中国版本图书馆CIP数据核字(2021)第075695号

数据库原理与应用——SQL Server 2012

主　　编　兰　萍
责任编辑　蒋梦婷
审读编辑　陈丽贞
责任校对　杨　丽　时东明
装帧设计　俞　越

出版发行　华东师范大学出版社
社　　址　上海市中山北路3663号　邮编 200062
网　　址　www.ecnupress.com.cn
电　　话　021-60821666　行政传真 021-62572105
客服电话　021-62865537　门市(邮购) 电话 021-62869887
地　　址　上海市中山北路3663号华东师范大学校内先锋路口
网　　店　http://hdsdcbs.tmall.com

印 刷 者　上海崇明县裕安印刷厂
开　　本　787×1092　16开
印　　张　22.25
字　　数　496千字
版　　次　2022年3月第1版
印　　次　2022年3月第1次
书　　号　ISBN 978-7-5760-1643-7
定　　价　49.00元

出 版 人　王　焰

前　言 QIANYAN

数据库原理与应用是职业学校计算机网络技术等专业的主要课程。本书技能、知识和课后实训相结合，着重提高动手能力，使读者能够举一反三。同时本书的编写达到软件工程师职业资格鉴定的相关考核要求。

编者具有十多年数据库教学的一线经验，参加了课程标准的编写，曾指导学生参加世界技能大赛商务软件解决方案项目。

本书划分为十个模块，每个模块又分为若干个项目，每个项目分解成若干个任务，采用任务驱动、案例教学和项目引领的方式组织和编写。其中模块一数据库技术基础，模块二数据库及表的管理，模块三数据查询，模块四索引和视图管理，模块五 T－SQL 程序设计，模块六数据库完整性与存储过程和触发器，模块七事务和锁，模块八数据管理，模块九数据库设计与关系规范化理论，模块十数据库应用程序开发。

本书全部编写由上海信息技术学校信息技术系兰萍完成，教学课时建议为 64 个课时。

数据库是计算机领域的一个重要分支，技术发展迅速，书中难免出现不当之处，恳请专家批评指正。

编者

2022 年 3 月

目　录 MULU

模块一 数据库技术基础

模块二 数据库及表的管理

模块三 数据查询

目　录 MULU

模块四
索引和视图管理

目　录 MULU

模块五
T－SQL 程序设计

模块六
数据库完整性与存储过程和触发器

目　录 MULU

模块七
事务和锁

模块八
数据管理

模块九
数据库设计与关系规范化理论

目　录 MULU

模块十
数据库应用程序开发

模块一 数据库技术基础

本模块首先介绍了数据库的技术基础和基本概念，如DataBase、DBMS等。其次介绍数据处理发展历史，从手工处理、文件系统、数据库系统等各个阶段，并分析了层次模型、网状模型和关系模型。最后介绍SQL语言，讲解SQL Server 2012的安装和配置。

项目一 数据库技术概述

- 数据库的基本概念。
- 数据处理发展历史。

任务1 掌握数据库的基本概念

任务描述

掌握数据库的基本概念。

任务分析

掌握数据库(DataBase)、数据库管理系统(DBMS)等基本概念,有助于理解数据库。

任务实施

1946年第1台计算机研制成功,标志着人类开始使用机器来存储和管理数据。随着计算机技术的发展与普及,计算机管理数据的方式也不断发生变化,从手工处理到文件系统再到数据库系统。现在,数据库技术成为数据管理的最新技术,也成为了计算机科学中的一个重要分支。数据库技术作为信息技术的一个重要支撑部分,它的产生来源于社会的实际需要,同时又对社会生活的各个领域带来了许多积极的影响。

我们的智能手机上的每一个应用,无时无刻不在记录和处理关于我们日常生活的数据。购物网站会根据我们的每一次网购,分析我们的购物喜好,从而向我们推荐合适的商品;健身软件会每天记录我们的运动数据;育儿软件会记录婴儿成长相关数据;聊天软件会记录我们的每一条聊天记录;社交软件会根据我们分享的内容而推送相应的广告;电子钱包会记录我们的每一笔收入和消费;家用摄像机可以记录用户的基本信息并上传到云端服务器,存储在数据库中。这就是我们所处的互联网大数据时代,数据无处不在,我们必须学习数据库知识,才能更好地理解这个数据世界。

(1) 数据(Data)在一般意义上被认为是客观事物特征所进行的一种抽象化、符号化的表示。例如,文字、声音、图形和图像,但是它们必须经过数字化后才能存入计算机。

(2) 数据库(DataBase, DB)是数据库系统(DataBase System, DBS)的核心,是被管理的对象。数据库是存放数据的仓库,可把它定义为存放在计算机存储设备上的相关数据的集合。数据库最终也以文件的形式存储,但不同于普通文件的是,它指的是相互关联的数据的集合,而一般文件仅指相关信息的集合,它的存放形式可以是杂乱无章的。

(3) 数据库管理系统(DataBase Management System, DBMS)负责对数据库进行管理与维护,是数据库系统的主要软件系统。它借助于操作系统实现对数据的存储管理。

一般来说,DBMS 应包括如下几个功能:

- 数据定义语言(Data Definition Language,简称 DDL)用来描述和定义数据库中各种数据之间的联系。
- 数据管理语言(Data Manipulation Language,简称 DML)用来对数据库中的数据进行插入、查找、修改和删除等操作。
- 数据控制语言(Data Control Language,简称 DCL)用来完成系统控制、数据完整性控制及并发控制等操作。

关系数据库领域中典型的 DBMS 系统有:Oracle(甲骨文)、DB2、SQL Server、Sybase、Foxpro、Informix、mysql 等。

(4) 数据库系统(DataBase System, DBS)是一个应用系统,它由数据库、数据库管理系统、用户和计算机系统组成。

- 数据库是数据库系统操作的对象。数据库中的数据具有集中性和共享性。所谓集中性是指数据库可以被看成性质不同的数据文件的集合。所谓共享性是指多个不同用户,使用不同的语言,为了不同的应用目的进行存储的数据。
- 数据库管理系统是数据库系统负责对数据库进行管理的软件系统。它对数据库中的数据资源进行统一管理与控制,把用户程序和数据库数据进行分离。
- 用户是指使用数据库的人员。数据库系统的用户有终端用户、应用程序员和数据库管理员 3 类用户。终端用户是指数据库系统的最终使用人员,他们通过数据库系统提供的界面友好的交互式对话手段使用数据库中的数据。应用程序员是为终端用户编写应用程序的软件人员,他们使用前台开发语言(. net、java 和 VB),结合后台数据库管理系统(Oracle、SQL Server 和 Access 等)开发数据库应用程序。数据库管理员(DataBase Administrator,简称 DBA)是全面负责数据库系统正常运转的人员,他们负责对数据库系统的深入研究。

- 计算机系统是指存储数据库及运行 DBMS 的软、硬件资源，如操作系统和磁盘、I/O 通道等。

任务评价

主要测评项目		学生自评			
		A	B	C	D
专业知识	DB、DBMS、DBS 的含义				
小组配合	成果交流共享				
小组评价	掌握数据库的基本概念				
教师评价	学习态度认真				

任务 2 数据处理发展历史

任务描述

掌握数据处理发展历史。

任务分析

从手工处理、文件系统、数据库系统等各个阶段进行分析。

任务实施

自计算机产生以来，数据处理经历了手工处理、文件系统和数据库系统阶段，现在已经发展到数据仓库技术。

1. 手工处理

20 世纪 50 年代以前，计算机应用于科学计算。这个阶段的数据处理是通过手工进行的，计算机上没有专门管理数据的软件，也没有磁盘之类的存储设备来存储数据。那时应用程序和数据之间是一对一的关系，即一个程序对应一组数据，这样就造成手工处理数据的两个缺点：一是应用程序和数据之间的依赖性太强，独立性差；二是数据和数据之间存在许多重复，造成大量数据冗余。

2. 文件系统

自20世纪50年代中期以后，随着计算机的硬件和软件的飞速发展，出现了专门管理数据的软件，即文件系统。在文件系统数据管理阶段，数据按一定的规则组织成为一个文件，应用程序通过文件系统对文件中的数据进行存取和加工。文件系统对数据的管理，实际上是通过应用与数据之间的一种接口实现的。文件系统解决了应用程序和数据之间的一个公共接口问题，使得应用程序可以采用统一的存取方法来操作数据。但是，不同的应用程序很难共享同一数据文件，也就是说数据独立性仍然较差，数据冗余度较大。

3. 数据库系统

20世纪60年代以后，为满足巨大的信息流和数据流的需要，数据库系统出现了。数据库系统也是以文件方式存储数据的，但是它是数据的一种高度组织形式。在应用程序和数据库之间有一个新的数据管理软件DBMS。数据库管理系统把所有应用程序中的数据汇集在一起，并以记录为单位存储起来，以便于应用程序查询和使用。在数据库系统中，数据库对数据的存储和管理是按照同一结构进行的，不同的应用程序都可以直接操作这些数据，应用程序具有高度的独立性。同时，数据库系统对数据的完整性、唯一性和安全性都提供了一套有效的管理手段。数据库管理系统还提供管理和控制数据的各种简单操作命令，使用户编写程序时更容易掌握，数据库系统有以下几个特点：

- 数据结构化，数据库系统中包含的多个单独的文件之间是相互联系的，在整体上有一个统一的结构形式。
- 数据共享，数据库系统的数据可以为不同的用户使用。
- 数据独立性，应用程序和数据库间的依赖性较小。
- 最小冗余度，数据库系统中的数据集中存储，共同使用，避免了数据的大量重复。

主要测评项目		学生自评			
		A	B	C	D
专业知识	数据处理发展历史				
小组配合	成果交流共享				
小组评价	掌握数据库系统的特点				
教师评价	学习态度认真				

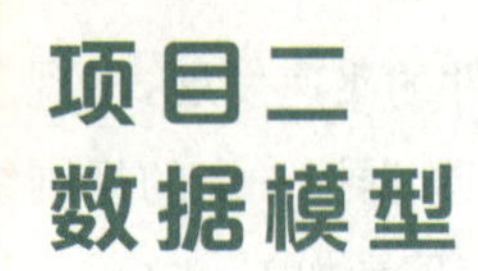

项目二 数据模型

学习目标

掌握 3 种常用的数据模型。

任务 1 3 种常用的数据模型

任务描述

掌握 3 种常用的数据模型。

任务分析

层次模型、网状模型和关系模型的分析与介绍。

任务实施

数据模型是数据库系统中用于提供信息表示和操作手段的形式架构，是对客观世界的抽象，即客观事物及其联系的数学描述。由于事物之间的联系不同，则数据之间的联系亦不同，必须用不同的数据结构来表示数据之间的联系，即不同的数据模型。

数据模型应满足以下三方面的要求。

(1) 数据模型应能够比较真实地模拟现实世界。只有数据模型精确表达了真实的世界，才能正确地在计算机中存储数据信息。例如，利用数据模型正确地表达书籍、读者与借阅的关系。

(2) 数据模型应容易为人们所理解。当设计人员构建数据模型表达客观世界时，他必须首先调查用户的实际需求，借助数据模型了解用户需求，并通过不断反复协商，与用户达成共识。因此数据模型不但要被设计人员所理解，而且也要被用户所理解。

(3) 便于在计算机上实现。因为计算机不能直接处理现实世界中的客观事物，所以我们必须通过一定的规则，将客观事物转化成可以存储在计算机中的数据，并有序地存储、管理这些数据，用户利用这些数据能够查询所需的信息。

数据模型由数据结构、数据操作和完整性约束三部分组成。

(1) 数据结构。数据结构是所研究的对象模型的集合，是对系统静态特性的描述。这些对象是数据库的组成部分，它们包括两类，一类是与数据类型、内容、性质有关的对象，例如网状模型中的数据项、记录，关系模型中的域、属性、关系等；另一类是与数据之间联系有关的对象，例如网状模型中的系型。

(2) 数据操作。数据操作是指对数据库中各种对象(型)的实例(值)允许执行操作的集合，包括操作及有关的操作规则。数据库主要有检索和更新(包括插入、删除和修改)两大类操作。数据操作是对系统动态特性的描述。

(3) 数据的约束条件。数据的约束条件是一组完整性规则。完整性规则是给定的数据模型中数据及其联系所具有的制约和依存规则，用以限定符合数据模型的数据库状态以及状态的变化，以保证数据的正确、有效、相容。数据模型应该反映和规定本数据模型必须遵守的基本的通用的完整性约束条件。例如，在关系模型中，任何关系必须满足实体完整性和参照完整性两个条件。此外数据模型还应该提供完整性约束条件的机制，以反映具体应用所涉及的数据必须遵守的特定的语义约束条件。例如，学生要有 210 个学分才可以毕业。

目前，比较流行的数据模型有 3 种，即按图论理论建立的层次结构模型、网状结构模型以及按关系理论建立的关系结构模型。

1. 层次模型

层次模型是指用树形结构来表示数据及数据间联系的模型。图 1-1 所示的高等学校组织结构模型就是层次模型。这个组织结构图像一棵树，其中系就是树根(称为根结点)，各教研室、课程、班级、授课等为树枝(称为叶结点)。在层次模型中，树的节点表示各个数据，连线表示数据之间的关系。

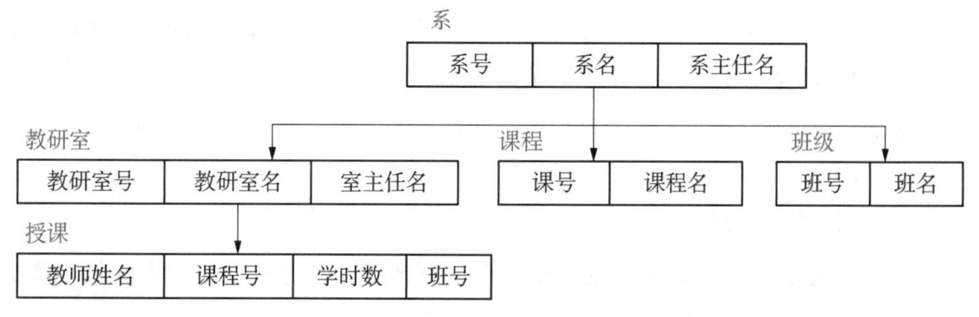

图 1-1 层次模型

层次模型的特点有：

- 仅有一个最高层的结点，称为根结点。
- 其他的结点有且仅有一个直接的上层结点，称为父结点。
- 上层结点和下层结点的联系是 1:N 的联系。

在层次模型中，必须从根节点开始查询记录的内容。例如，从系、教研室、授课这条路径可以查到某个教师的课号和班号。在某一处室中，处长领导着下面几个科长，每个科长又领导几个科员，只要不存在一人兼任两个职务的情况，该处室里的这种领导关系就表示层次模型。

在层次模型中，1969 年 IBM 公司研制的 IMS(Information Management System，信息管理系统)就是层次模型的典型代表。

2. 网状模型

网状模型是指用网状结构来表示数据及数据间联系的模型，图 1-2 所示的高校学生选课模型就是网状数据结构。

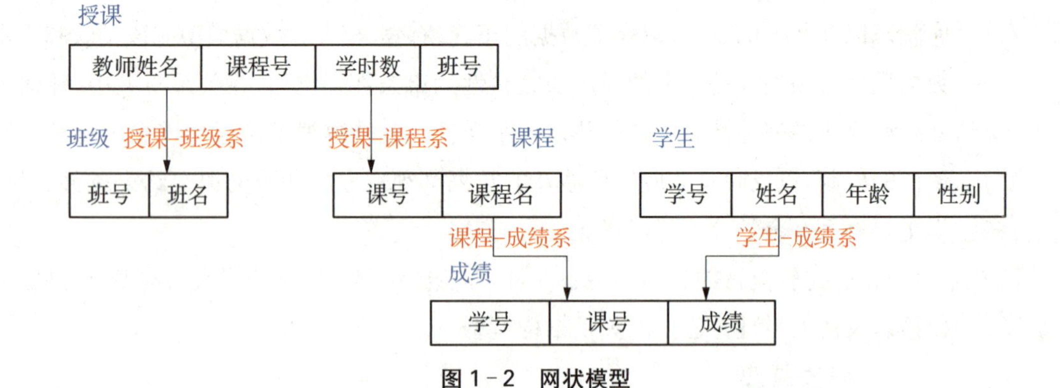

图 1-2 网状模型

网状模型的特点：

- 可以有一个以上的结点无双亲。
- 至少有一个结点，有多于一个以上的双亲。
- 两个结点之间有两种或两种以上的关系。

网状模型是层次模型的拓展，一个连通的基本层次联系的集合就是一个网状模型。网状模型和层次模型一样，记录的存取路径是由模型的结构定义好的，数据必须按照定义好的存取路径才能进行存取操作，网状数据库系统典型代表是 DBTG(DataBase Task Group，数据库任务组)。

3. 关系模型

关系模型指的是用二维表格来表示数据间联系的模型。学生的基本情况就是一个二元关系，见表 1-1。

表 1-1 学生基本信息表 student

学号	姓名	性别	出生日期	所在系	手机号码	家庭地址
114L0201	刘滢	女	1996-02-23	计算机系	13723333333	广东省广州市
114L0202	施瑜娟	女	1995-06-20	计算机系	13666666666	湖北省武汉市
114L0203	陈威东	男	1995-11-07	商务系	13500000000	上海市
114L0204	陈晓扬	男	1996-01-06	商务系	13711111111	广西省南宁市

- 关系:一个关系对应一张表。
- 元组(记录,行):表中的一行即为一个元组,表 1-1 有 4 个元组。
- 属性(字段,列):表中的一列即为一种属性,给每一种属性起一个名称,即属性名,表 1-1 有 7 种属性。
- 候选键(候选码,主属性):如果一种属性集能标识元组,且又不含有多余的属性,那么这个属性集称为关系的候选键,表 1-1 的候选键为学号。
- 主码(主键):如果一个关系中有多个候选键,则选择一个键作为关系的主键。利用主键可以实现关系定义中"表中任意两行不能相同"的约束。例如,可以选"学号"作为学生表的主键,那么学号列是唯一的。
- 非主属性(非码属性):不包含在任何候选码的属性。
- 域:属性的取值范围,例如性别只能为男或女。
- 分量:元组中的一个属性值。
- 关系模式:对关系的描述,一般表示为:关系名(属性 1,属性 2,……)。例如,表 1-1 的关系可描述为学生(学号,姓名,性别,出生日期,所在系,手机号码,家庭地址)。
- 实体:客观存在并可相互区别的事物称为实体。例如,一个职工、一个学生、一个部门、一门课、学生的一次选课、部门的一次订货、老师与系的工作关系等都是实体。
- 实体型:具有相同属性的实体必然具有共同的特征和性质。用实体名及其属性名集合来抽象和刻画同类实体,称为实体型。例如,学生(学号,姓名,性别,出生年份,系,入学时间)就是一个实体型。
- 实体集:同型实体的集合称为实体集。例如,全体学生就是一个实体集。
- 外键:如果一个关系 R 中包含一个另一个关系 S 的主键所对应的属性组 F,则称此属性组 F 为关系 R 的外键,并称关系 S 为被参照关系,关系 R 是参照关系。
- 联系(relation):在现实世界中,事物内部或事物之间是有联系的,这些联系在信息世界中反映为实体(型)内部的联系和实体(型)之间的联系。实体内部的联系通常是指组成实体的各属性之间的联系。实体之间的联系通常是指不同实体集之间的联系。两个实体型之间的联系可以分为三类:

(1) 一对一联系(1:1)。

如果对于实体集A中的每一个实体,实体集B中至多有一个(也可以没有)实体与之联系,反之亦然,则称实体集A和实体集B具有一对一联系,记为1:1。

(2) 一对多联系(1:n)。

如果对于实体集A中每一个实体,实体集B中有n个实体(n≥0)与之联系,反之,对于实体集B中的每一个实体,实体集A中至多只有一个实体与之联系,则称实体集A和实体集B有一对多联系,记为1:n。例如,一个班级中有若干学生,而每个学生只在一个班级中学习,则班级与学生之间具有一对多联系。

(3) 多对多联系(m:n)。

如果对于实体集A中的每一个实体,实体集B中有n个实体(n≥0)与之联系,反之,对于实体集B中的每一个实体,实体集A中也有m个实体(m≥0)与之联系,则称实体集A与实体集B具有多对多联系,记为m:n。例如,一门课程同时有若干学生选修,而一个学生可以选修多门课程,则课程与学生之间具有多对多联系。

实际上,一对一联系是一对多联系的特例,而一对多联系又是多对多联系的特例。可以用图形来表示两个实体集之间的这三类联系,如图1-3所示。

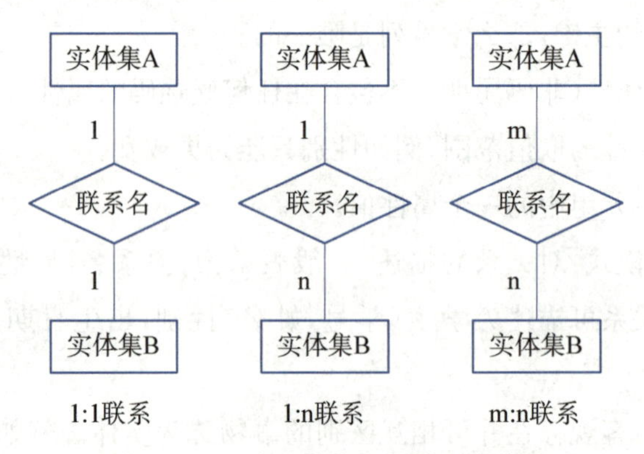

图1-3 两个实体集之间的三类联系

关系模型的特点:

- 每一列必须是基本数据项,即不可再分离。
- 表中每一列必须具有相同的数据类型(如字符型或数值型)。
- 表中每一列的名字必须是唯一的。
- 表中不应有内容完全相同的行。
- 行的顺序与列的顺序不影响表格中所表示信息的含义。

关系模型提供了三类完整性规则:实体完整性规则、参照完整性规则和用户定义的完整性规则。

- 实体完整性规则:是指关系的主属性不能为空值。空值(null)就是指不知道或不能使用的值,它与数值0和空字符串的意义不一样。

- 参照完整性规则：如果关系的外键 R_1 与关系 R_2 中的主键相符，那么外键的每个值都必须在关系 R_2 中的主键的值中找到或者是空值。
- 用户定义的完整性规则：是针对某一具体的实际数据库的约束条件。例如年龄不大于 120 岁。

任务评价

主要测评项目		学生自评			
		A	B	C	D
专业知识	3 种常用的数据模型的特点				
小组配合	成果交流共享				
小组评价	掌握关系模型的特点				
教师评价	学习态度认真				

项目三
SQL 语言介绍

学习目标

SQL 语言概述、SQL 语言分类、SQL 语句组成。

任务 1
语言介绍

任务描述

简单掌握 SQL 语句。

任务分析

SQL 语句由不同的关键字组成。

1. SQL 语言概述

SQL 是指结构化查询语言(Structured Query Language),最早是 IBM 的圣约瑟研究实验室为其关系数据库管理系统 SYSTEM R 开发的一种查询语言,它的前身是 SQUARE 语言。SQL 语言结构简洁,功能强大,简单易学,所以自从 IBM 公司 1981 年推出以来,SQL 语言得到了广泛的应用。目前,SQL 语言已被确定为关系数据库系统的国际标准,被绝大多数商品化关系数据库系统采用,如 Oracle、Sybase、DB2、Informix、SQL Server 这些数据库管理系统都支持 SQL 语言作为查询语言。结构化查询语言 SQL 是一种介于关系代数与关系演算之间的语言,其功能包括查询、操纵、定义和控制四个方面,是一个通用的、功能极强的关系数据库标准语言。在 SQL 语言中不需要告诉 SQL 如何访问数据库,只要告诉 SQL 需要数据库做什么。可以把

"SQL"读作"sequel",也可以按单个字母的读音读作 S-Q-L。两种发音都是正确的,每种发音各有大量的支持者。

SQL 语言是 1974 年提出的,由于它功能丰富、使用方式灵活、语言简洁易学等突出优点,在计算机工业界和计算机用户中倍受欢迎。1986 年 10 月,美国国家标准局(ANSI)的数据库委员会批准了 SQL 作为关系数据库语言的美国标准。1987 年 6 月国际标准化组织(ISO)将其采纳为国际标准。这个标准也称为"SQL86"。随着 SQL 标准化工作的不断进行,相继出现了"SQL89"、"SQL2"(1992)和"SQL3"(1993)。SQL 成为国际标准后,对数据库以外的领域也产生了很大影响,不少软件产品将 SQL 语言的数据查询功能与图形功能、软件工程工具、软件开发工具、人工智能程序结合起来。

2. SQL 语言分类

SQL 主要分成三个部分:

(1) 数据定义:这一部分也称为"DDL",用于定义数据库、基本表、视图和索引,主要有 create、alter、drop 等。

(2) 数据操纵:这一部分也称为"DML",数据操纵分成数据查询(select)和数据更新两类,其中数据更新又分成插入(insert)、删除(delete)和修改(update)三种操作。

(3) 数据控制:这一部分也称为"DCL"。数据控制包括对基本表和视图的授权,完整性规则的描述,事务控制语句,授权(grant),回收(revoke)等。

3. SQL 语句组成

(1) 基本命令。

SQL 基本命令见表 1-2。

表 1-2 基本命令

操作对象	操作方式			
	创建	删除	修改	查询
数据库	create database	drop database	alter database	
基本表	create table	drop table	alter table	
视图	create view	drop view		
索引	create index	drop index		
触发器	create trigger	drop trigger		
存储过程	create procedure	drop procedure		
记录	insert	delete	update	select

(2) 子句。

子句用来修改条件的，这些条件被用来定义要选定或要操作的数据，主要用于select语句中，见表1-3。

表1-3 子句功能

子句	描述
from	用来指定表名
where	用来指定所选记录必须满足的条件
group by	用来把选定的记录分成特定的组
having	用来说明每个组需要满足的条件
order by	用来排序

(3) 运算符。

常用的运算符主要有两类：逻辑运算符和比较运算符。

逻辑运算符：

- and：并列条件。
- or：或者条件。
- not：否定条件。

比较运算符：

<、<=、>、>=、=、<>、between、like、in等。

(4) 聚合函数。

在select子句内使用聚合函数对记录组进行操作，它返回应用于一组记录的单一值。常见的聚合函数见表1-4。

表1-4 聚合函数

聚合函数	描述
avg	用来获得特定字段中的值的平均数
count	用来返回选定记录的个数
sum	用来返回特定字段中所有值的总和
max	用来返回指定字段中的最大值
min	用来返回指定字段中的最小值

任务评价

主要测评项目		学生自评			
		A	B	C	D
专业知识	SQL 语言概述				
	SQL 语言分类				
	SQL 语句组成				
小组配合	成果交流共享				
小组评价	掌握 SQL 语句				
教师评价	学习态度认真				

项目四
SQL Server 2012 的安装和配置

会安装 SQL Server 2012。

任务 1 会安装 SQL Server 2012

任务描述

会安装 SQL Server 2012。

任务分析

掌握安装步骤。

任务实施

"安装 SQL Server 2012 的硬件和软件要求"请查看微软官方网站,官方网址为"https://msdn.microsoft.com/library/ms143506(v=SQL.110).aspx",或者在百度里搜索"安装 SQL Server 2012 的硬件和软件要求",打开微软官方链接即可。

SQL Server 2012 的安装步骤如下:

(1) 双击 SETUP.EXE,开始安装 SQL Server 2012,当系统打开"SQL Server 安装中心",则说明我们可以开始正常安装 SQL Server 2012 了。如图 1-4 所示。

(2) 点击图 1-4 的"安装"后出现图 1-5 界面。

(3) 在图 1-5 中点击"全新 SQL Server 独立安装或向现有安装添加功能",出现图 1-6 界面。

图 1－4　SQL Server 安装中心 1

图 1－5　SQL Server 安装中心 2

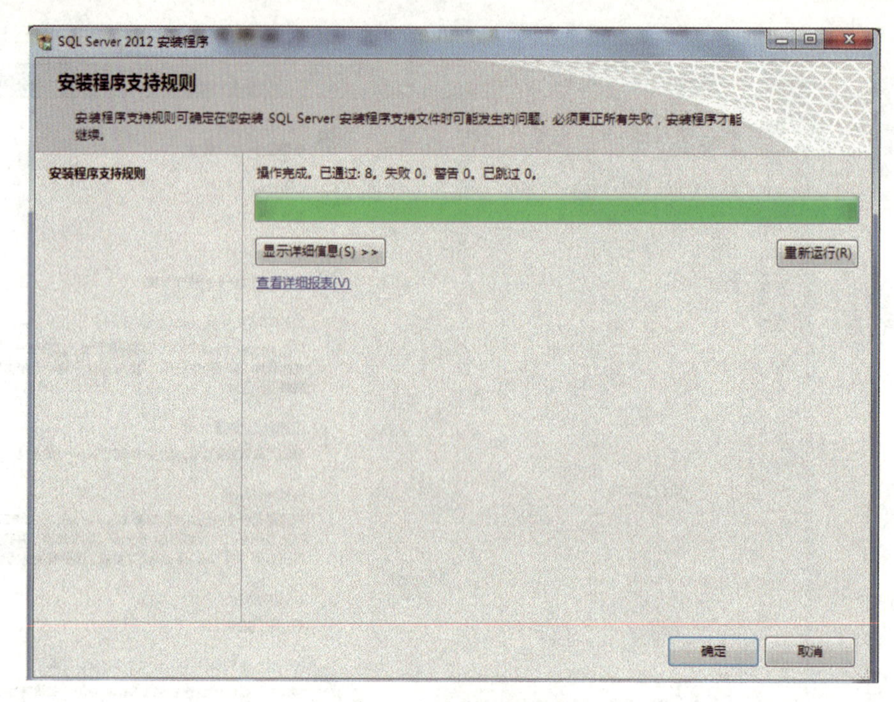

图 1-6　安装程序支持规则

（4）在图 1-6 中点击“确定”按钮，出现“产品密钥”界面，如图 1-7 所示。

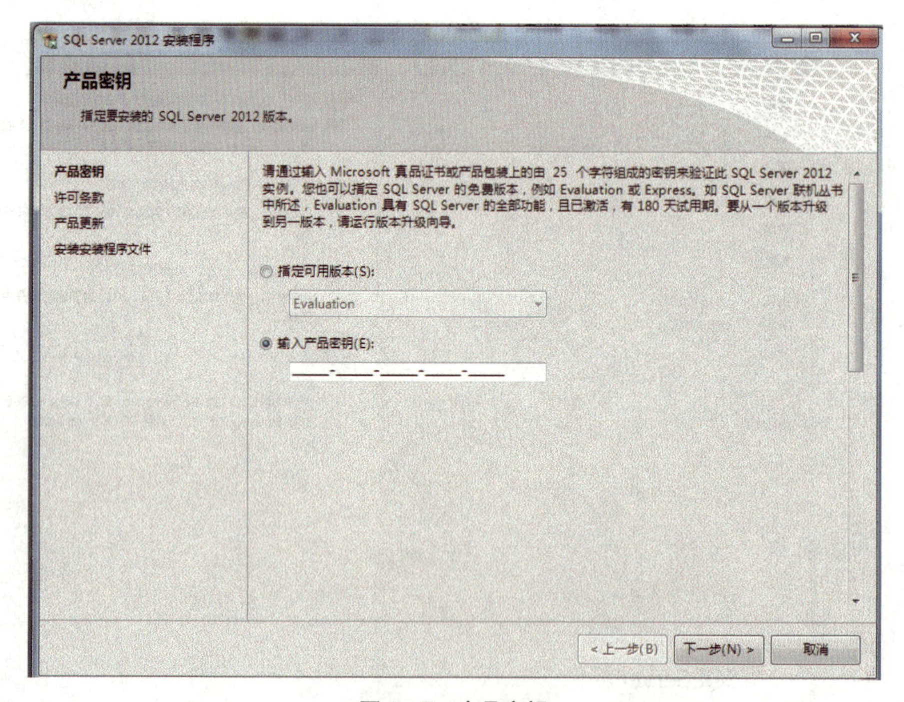

图 1-7　产品密钥

（5）在图 1-7 输入产品密钥后，点击“下一步”，出现“许可条款”界面，如图 1-8 所示。

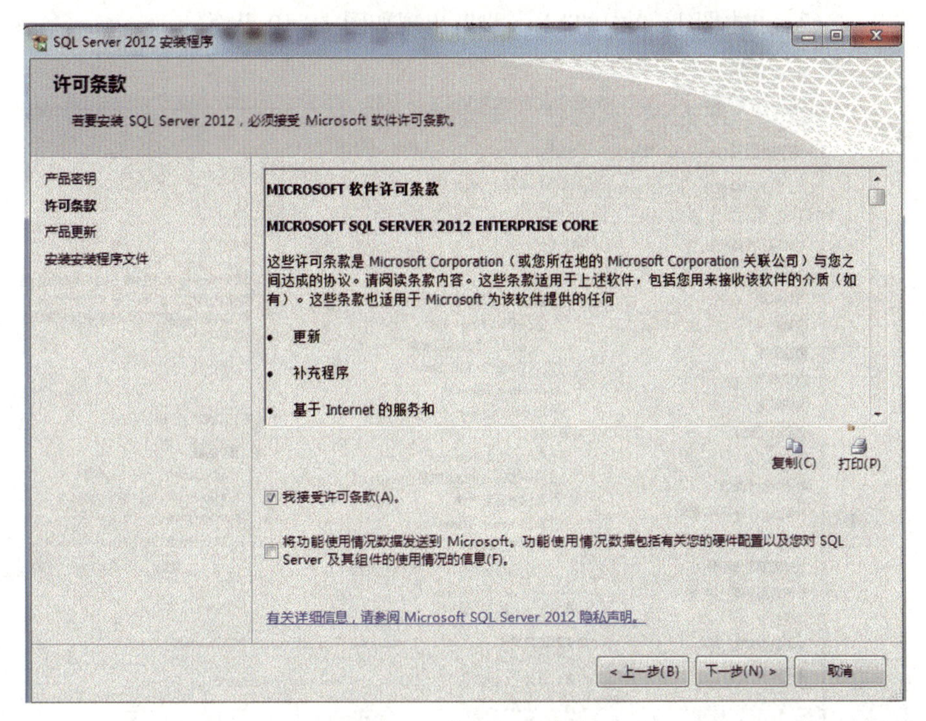

图 1-8　许可条款界面

(6) 在图 1-8 中选中“我接受许可条款”，然后点击“下一步”按钮，出现如图 1-9 界面。

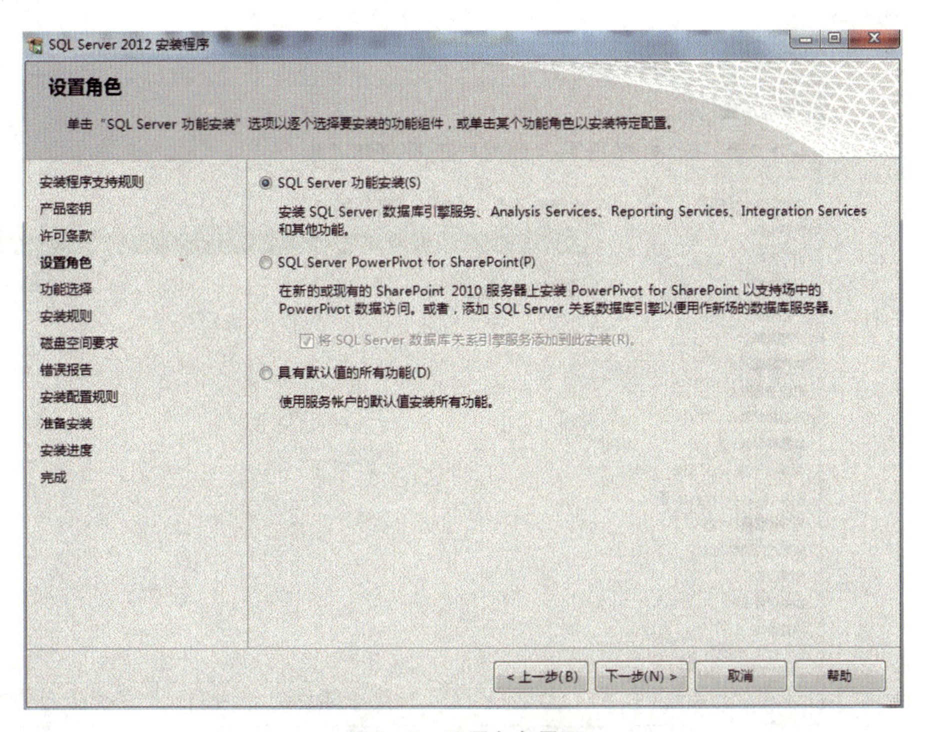

图 1-9　设置角色界面

(7) 点击图 1－9 中的“下一步”，出现如图 1－10 界面。

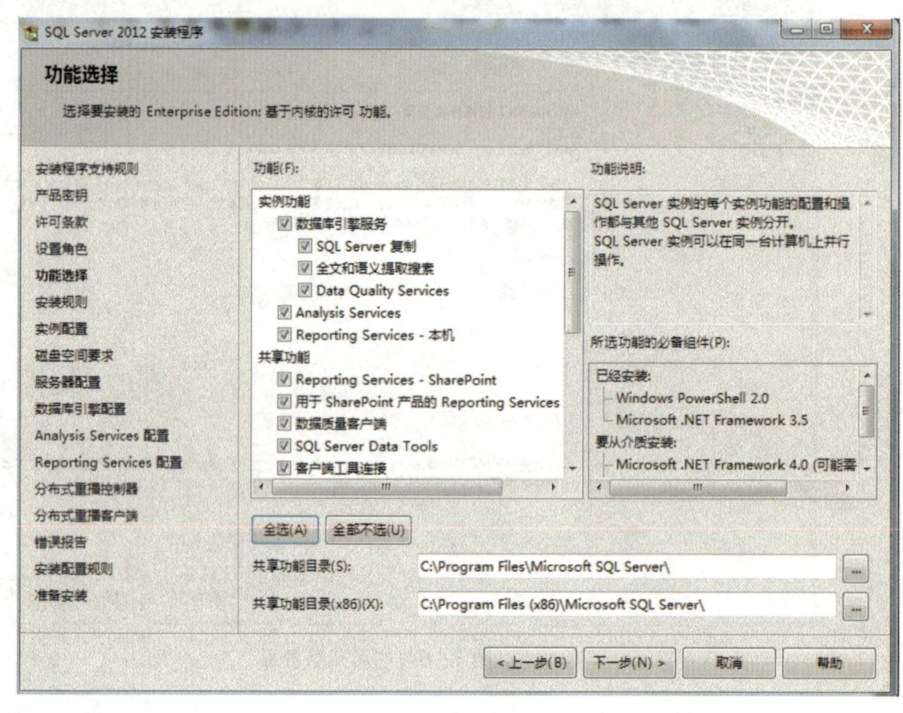

图 1－10　功能选择

(8) 点击图 1－10 中的“下一步”，出现如图 1－11 界面。

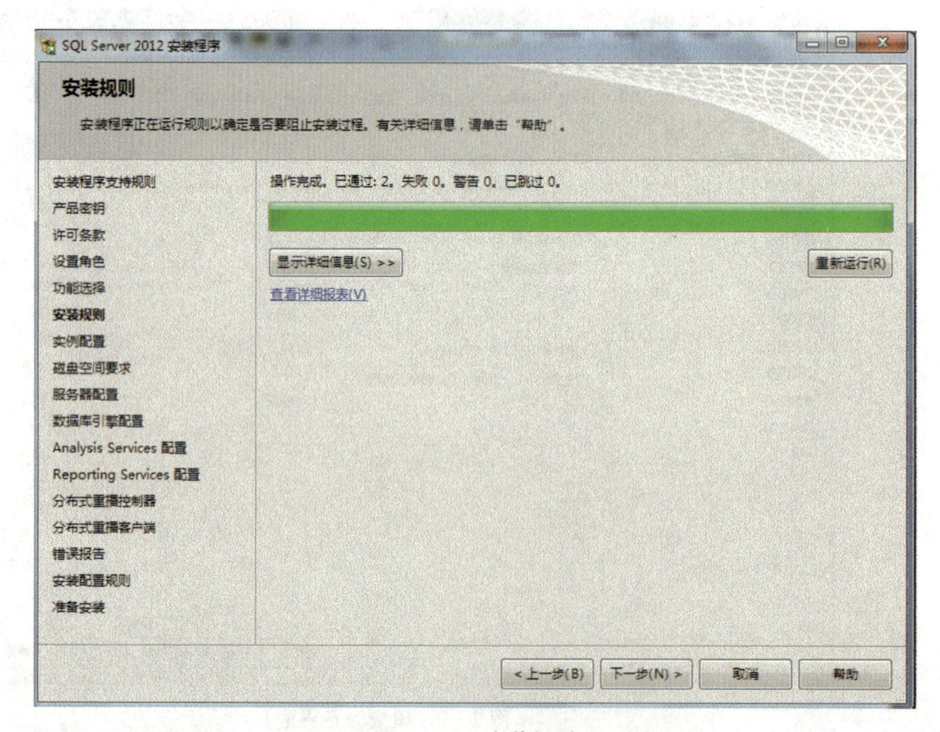

图 1－11　安装规则

(9) 点击图 1－11 中的“下一步”，出现如图 1－12 界面。

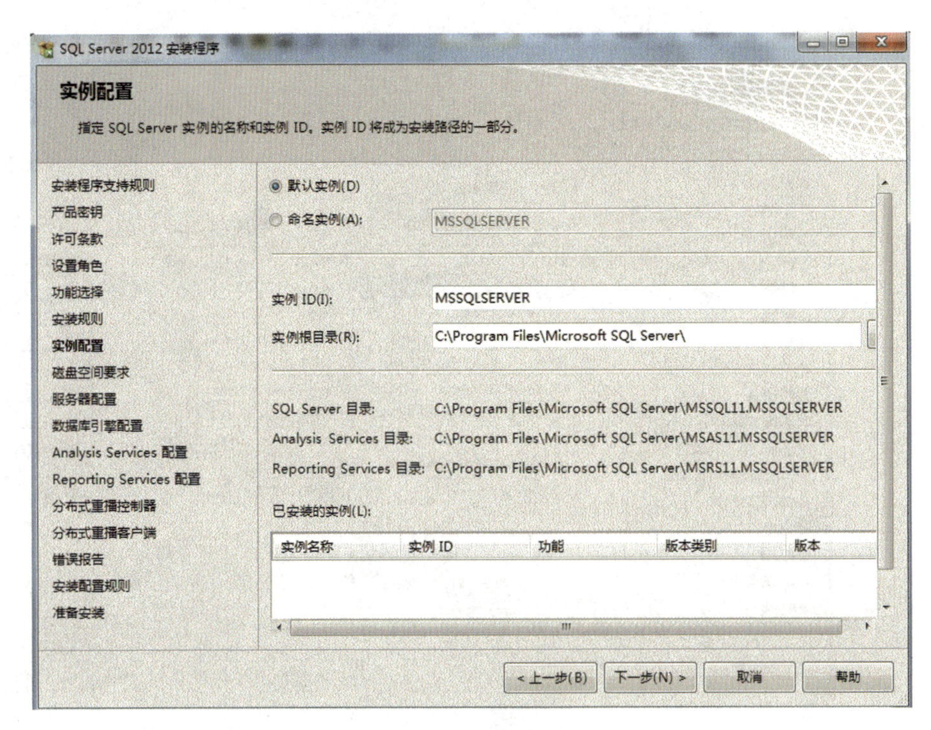

图 1－12　实例配置

(10) 点击图 1－12 中的“下一步”，出现如图 1－13 界面。

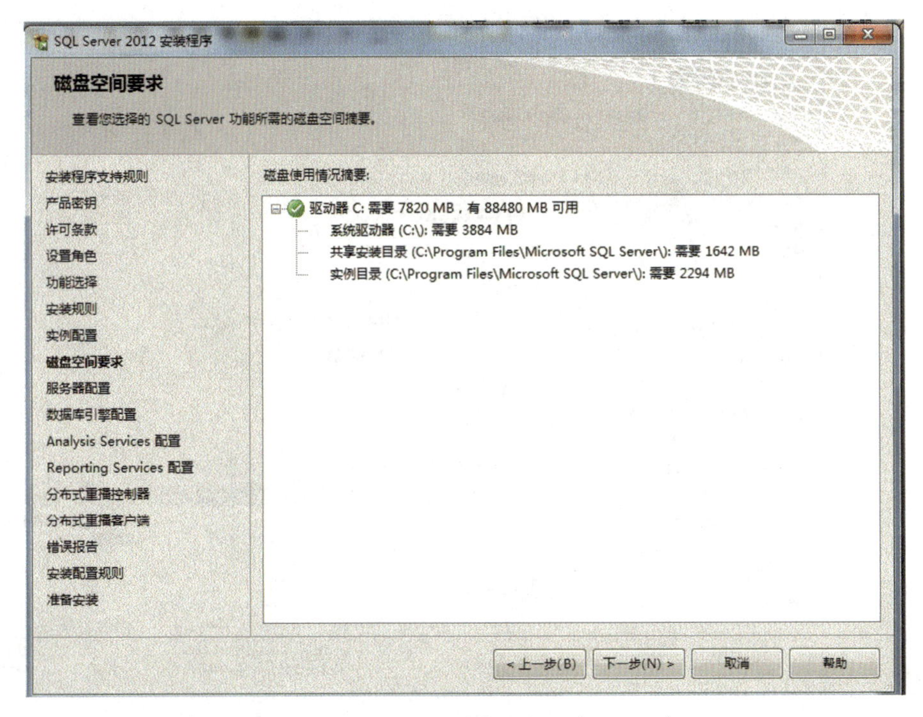

图 1－13　硬盘空间要求

(11) 点击图 1－13 中的“下一步”，出现如图 1－14 界面。

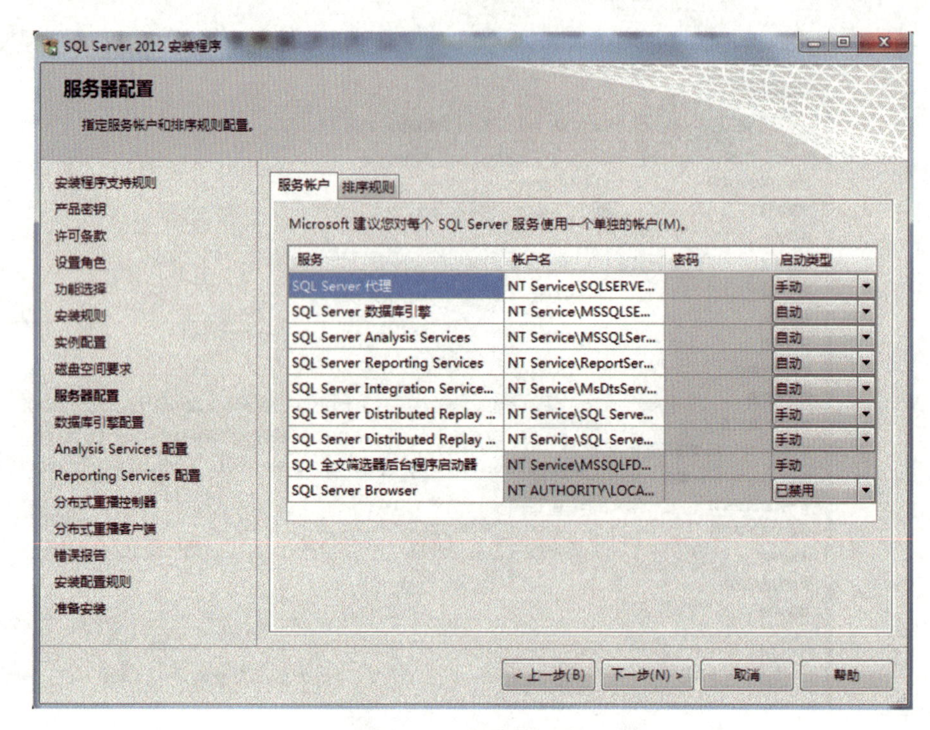

图 1－14　服务器配置

(12) 点击图 1－14 中的“下一步”，出现如图 1－15 界面。

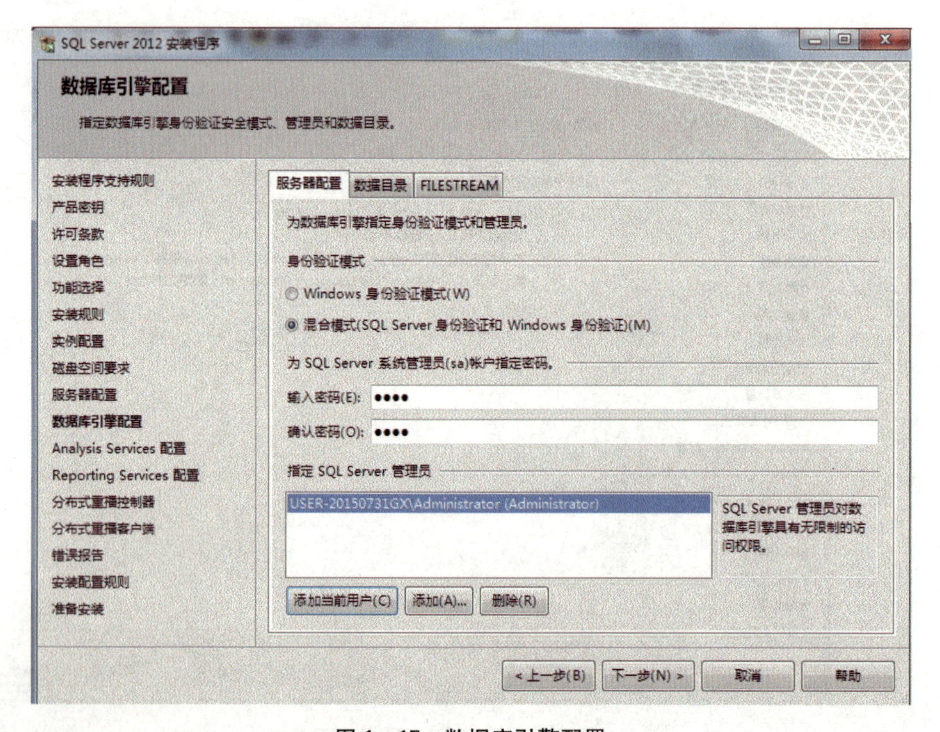

图 1－15　数据库引擎配置

(13) 点击图 1－15 中的“下一步”，出现如图 1－16 界面。

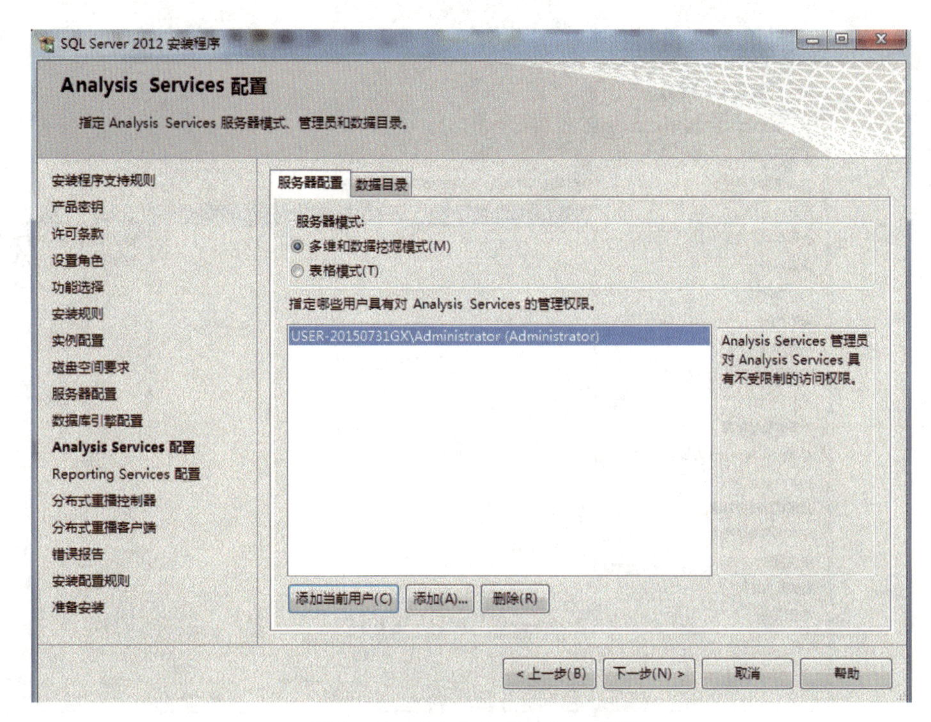

图 1－16　Analysis Services 配置

(14) 点击图 1－16 中的“下一步”，出现如图 1－17 界面。

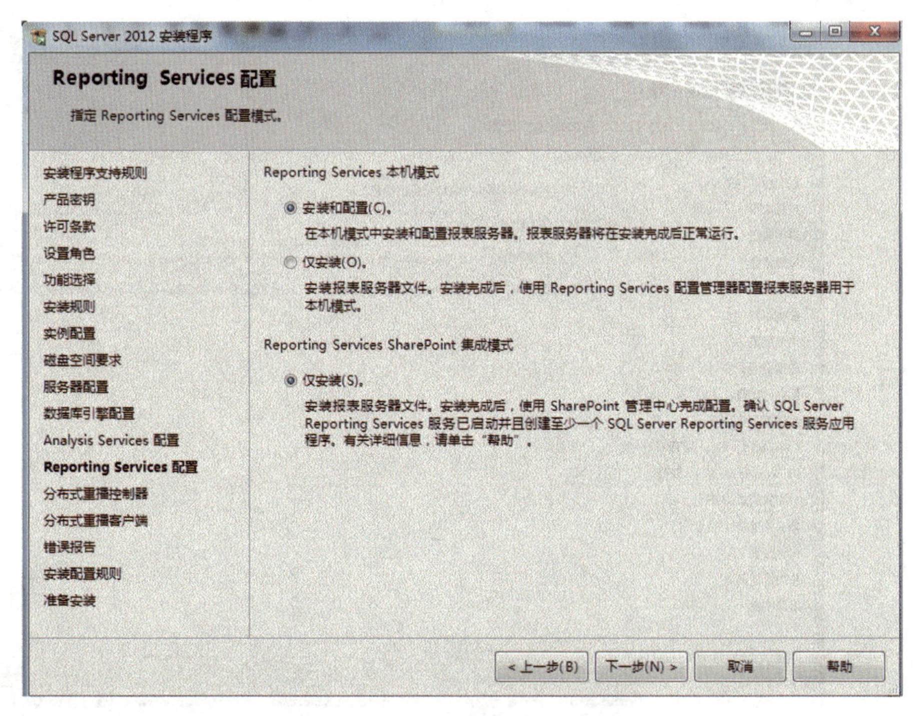

图 1－17　Reporting Services 配置

(15) 点击图 1－17 中的“下一步”,出现如图 1－18 界面。

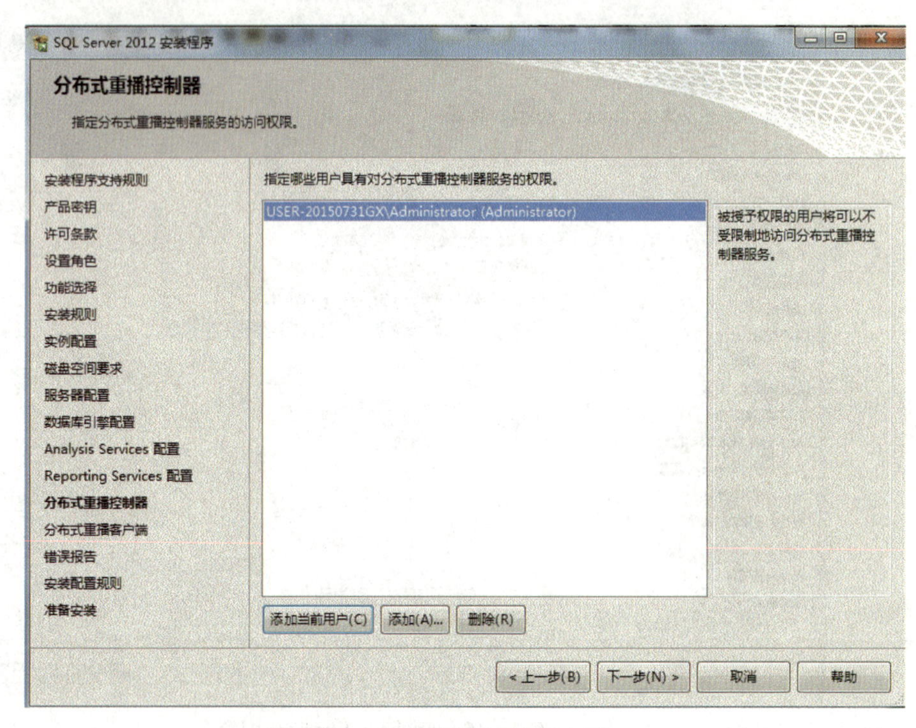

图 1－18　分布式重播控制器

(16) 点击图 1－18 中的“下一步”,出现如图 1－19 界面。

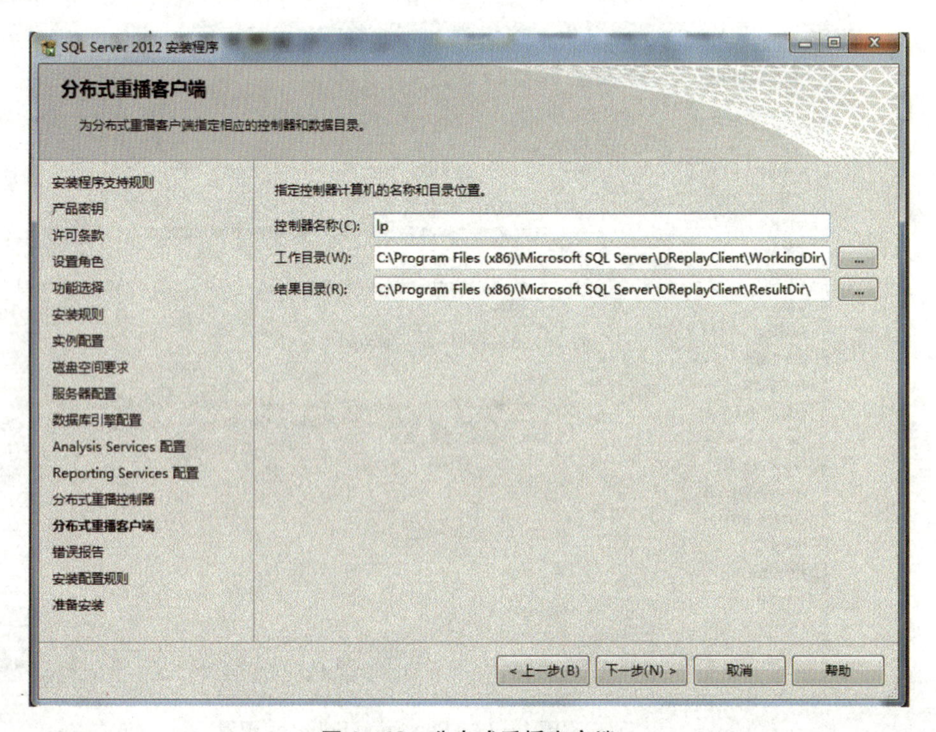

图 1－19　分布式重播客户端

(17) 点击图 1 - 19 中的“下一步”，出现如图 1 - 20 界面。

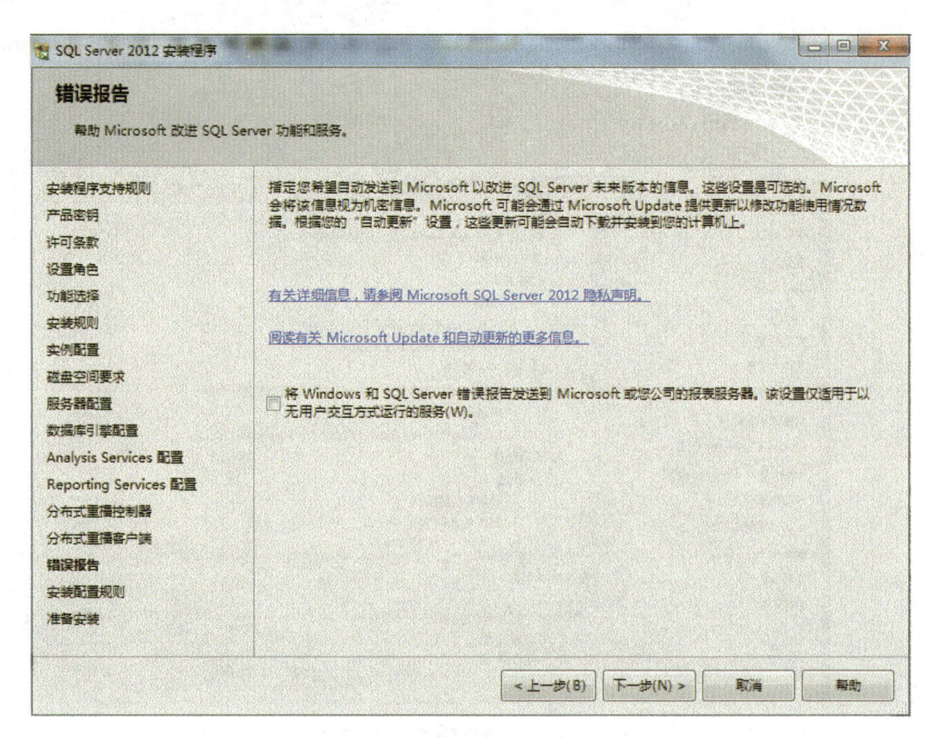

图 1 - 20　错误报告

(18) 点击图 1 - 20 中的“下一步”，出现如图 1 - 21 界面。

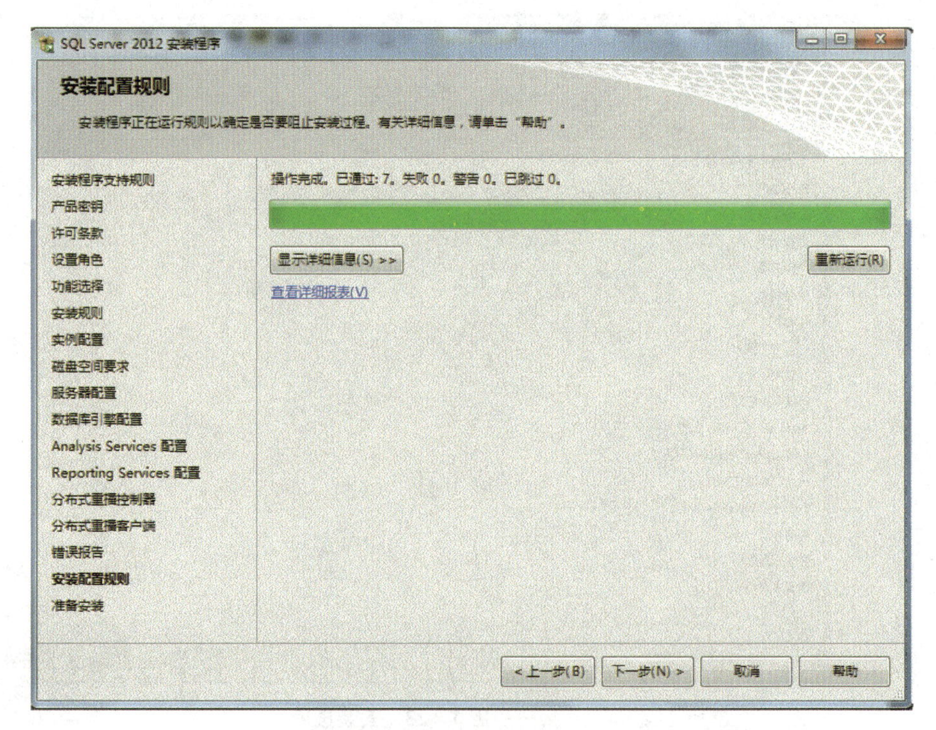

图 1 - 21　安装配置规则

(19) 点击图 1－21 中的"下一步"，出现如图 1－22 界面。

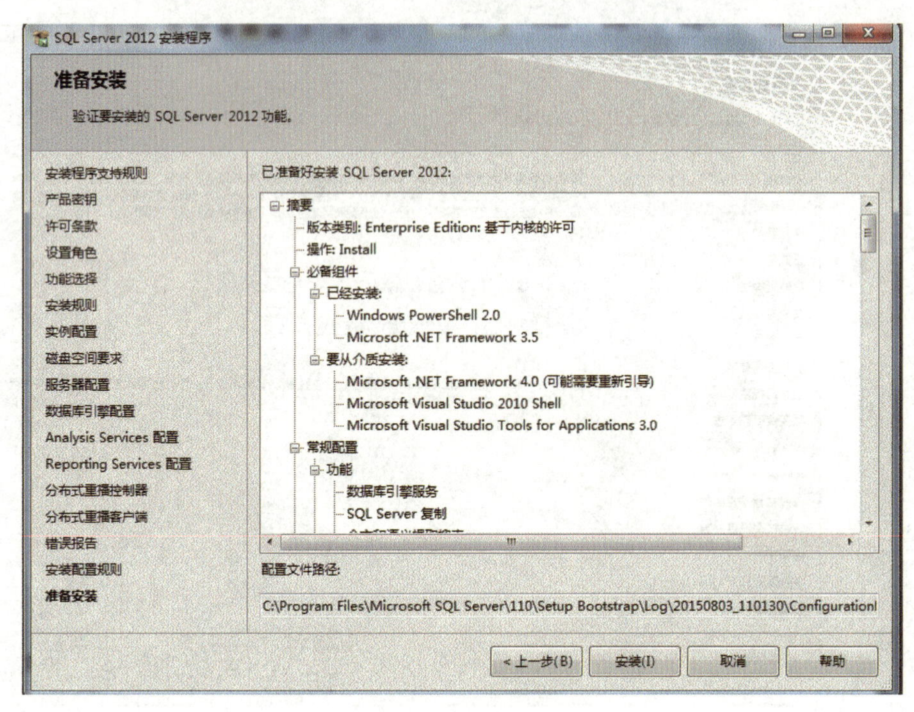

图 1－22　准备安装

(20) 点击图 1－22 中的"下一步"，出现如图 1－23 界面。

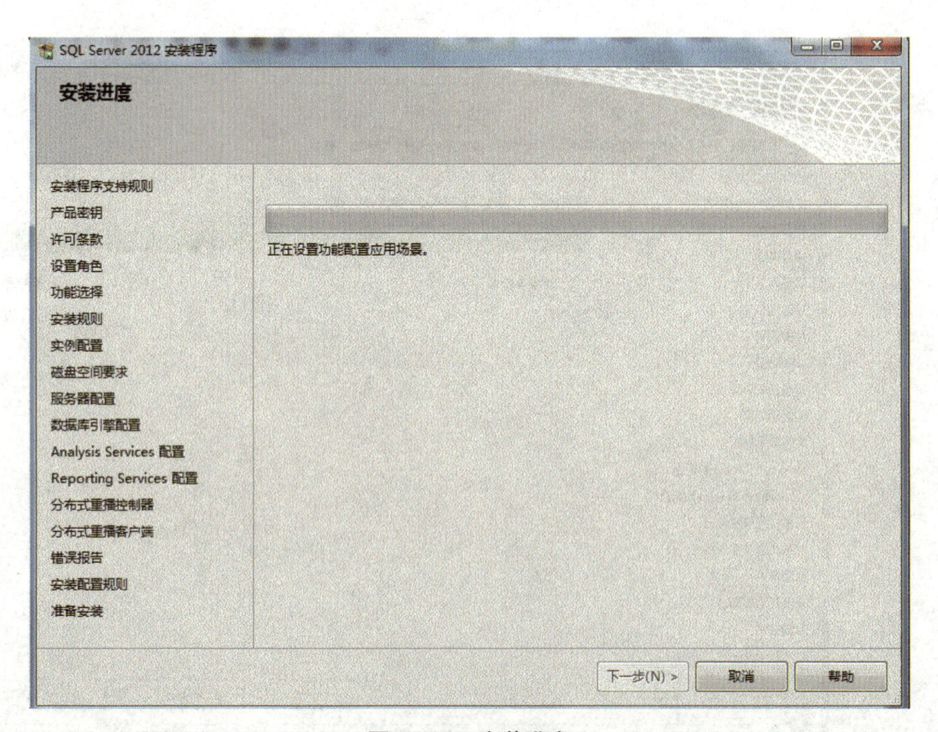

图 1－23　安装进度

（21）安装成功后最好重启一下电脑，然后打开 SQL Server Management Studio，打开“连接到服务器”主界面如图 1-24 所示。

图 1-24　连接到服务器主界面

（22）服务器名称和身份验证模式进行下拉选择，输入登录名和密码后点击连接按钮，成功连接后主界面如图 1-25 所示。

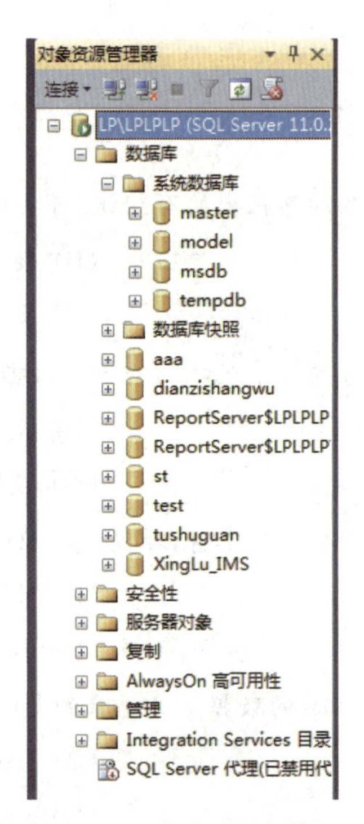

图 1-25　成功登录主界面

(23) 有时往往连接服务器出错，这时大多因为服务没有开启，开启服务步骤如下：

① 打开“控制面板”；

② 打开“管理工具”；

③ 打开“服务”；

④ 启动相应的“SQL Server 服务”。

任务评价

主要测评项目		学生自评			
		A	B	C	D
专业知识	掌握 SQL Server 2012 的安装				
小组配合	组内互帮互助				
	成果交流共享				
小组评价	安全操作规范				
教师评价	SSMS 能够正常连接打开				
	SQL Server 2012 服务的开启				

习题 1

一、选择题

1. (　　)是长期存储在计算机内的有组织、可共享的数据集合。

(A) 数据库管理系统　　(B) 数据库系统

(C) 数据库　　(D) 文件组织

2. (　　)是位于用户与操作系统之间的一层数据管理软件。

(A) 数据库管理系统　　(B) 数据库系统

(C) 数据库　　(D) 数据库应用系统

3. 数据库系统不仅包括数据库本身，还包括相应的硬件、软件和(　　)。

(A) 数据库管理系统　　(B) 数据库应用系统

(C) 相关的计算机系统　　(D) 各类相关人员

4. 下列命令不属于 DBMS 的数据定义语言的是(　　)。

(A) create　　(B) drop

(C) insert　　(D) alter

5. SQL Server 2012 是一种(　　)的数据库管理系统。

(A) 层次型　　(B) 网状型　　(C) 关系型　　(D) 树形

6. 数据库管理系统、操作系统、应用软件的层次关系从核心到外围分别是(　　)。

(A) 数据库管理系统、操作系统、应用软件

(B) 数据库管理系统、应用软件、操作系统

(C) 操作系统、数据库管理系统、应用软件

(D) 操作系统、应用软件、数据库管理系统

7. 一个面向主题的、集成的、不同时间的、稳定的数据集合是(　　)。

(A) 分布式数据库　　(B) 面向对象数据库

(C) 数据仓库　　(D) 联机事务处理系统

二、名词解释

1. DB(数据库)。

2. DBMS(数据库管理系统)。

3. DBS(数据库系统)。

4. 关系模型。

三、简答题

1. 数据库阶段的数据管理有什么特点?

2. 数据库系统有哪些部分组成? 试举例说明。

3. 怎样理解实体、属性、记录、字段这些概念的类型和值的差别? 试举例说明。

实训 1

初识 SQL Server 2012

一、实训目的

1. 了解 SQL Server 2012 的版本和软件、硬件要求。

2. 掌握 SQL Server 2012 的安装。

3. 掌握 SQL Server 2012 SSMS 的启动。

4. 了解 SQL Server 2012 和其他数据库管理系统的区别。

二、实训要求

1. 完成 SQL Server 2012 的安装。

2. 启动 SQL Server 2012 的 SSMS,了解 SSMS 的主要组成。

三、实训步骤

1. 根据管理和开发需要,选择 SQL Server 2012 版本,安装 SQL Server 2012。

2. 启动 SQL Server 2012 SSMS 并以 windows 或 SQL Server 登录。

3. 了解 SQL Server 2012 SSMS 的基本组成。

模块二 数据库及表的管理

本模块首先介绍数据库和表的管理，利用 SSMS 创建示例数据库和表，并设置外键，利用 SSMS 输入数据。其次介绍系统数据库，分别使用 SSMS 和 T－SQL 创建与修改数据库。最后介绍数据表的创建与管理，掌握数据类型，分别利用 SSMS 和 T－SQL 创建、修改表、查看和删除表。

项目一 实训示例数据库介绍

- 利用 SSMS 创建示例数据库和表，并设置外键。
- 利用 SSMS 输入数据。

任务1 示例数据库的介绍

任务描述

掌握示例数据库的表结构。

任务分析

掌握示例数据库的创建、表的创建及外键的设置和输入表中数据。

任务实施

下面以“学生选课管理系统”作为讲授示例介绍数据库管理和开发的相关技术，帮助学生掌握数据库相关理论和 SQL Server 2012 数据管理实践，在示例“学生选课管理系统”（数据库名为 st）中包括学生表 student、课程表 course、学生选课表 sc。

1. 学生表 student

表的结构如图 2-1 所示，表的数据如图 2-2 所示。

2. 课程表 course

表的结构如图 2-3 所示，表的数据如图 2-4 所示。

LP\LPLPLP.st - dbo.student

列名	数据类型	允许 null 值
学号	char(8)	☐
姓名	char(10)	☑
性别	char(2)	☑
出生日期	datetime	☑
所在系	varchar(20)	☑
手机号码	char(11)	☑
家庭地址	nvarchar(50)	☑

图 2-1　student 表的结构

LP\LPLPLP.st - dbo.student

学号	姓名	性别	出生日期	所在系	手机号码	家庭地址
114L0201	刘滢	女	1996-02-23 00:00:00.000	计算机系	13723333333	广东广州
114L0202	施瑜娟	女	1995-06-20 00:00:00.000	计算机系	13666666666	湖北武汉
114L0203	陈威东	男	1995-11-07 00:00:00.000	商务系	13500000000	上海市
114L0204	陈晓扬	男	1996-01-06 00:00:00.000	商务系	13711111111	广西南宁
114L0205	刘胜美	女	1994-02-03 00:00:00.000	计算机系	13509876788	湖南株洲
114L0206	黄思勤	男	1997-01-08 00:00:00.000	计算机系	13198076549	四川成都

图 2-2　student 表的数据

LP\LPLPLP.st - dbo.course

列名	数据类型	允许 null 值
课程号	int	☐
课程名	varchar(20)	☑
学分	int	☑
先行课	int	☑
教师	char(10)	☑

注释："课程号"字段列属性"标识规范"中"是标识"设置为"是"。

图 2-3　course 表的结构

LP\LPLPLP.st - dbo.course

课程号	课程名	学分	先行课	教师
1	数据库	4	5	陈运命
2	数学	2	null	赵宝强
3	信息系统	4	1	李好
4	操作系统	3	6	王三
5	数据结构	4	7	刘超

图 2-4　course 表的数据

3. 学生选课表 sc

表的结构如图 2-5 所示。

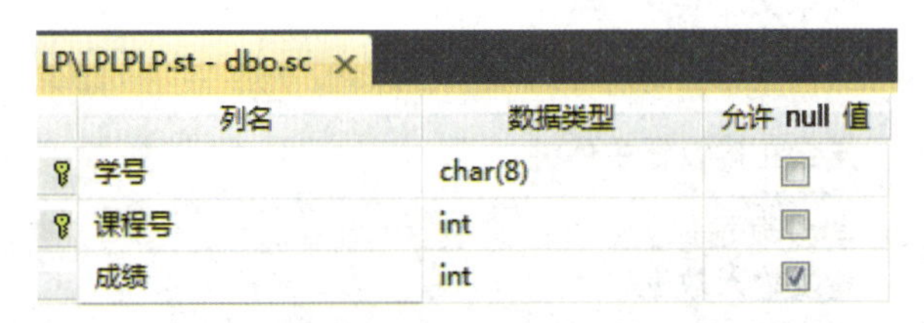

LP\LPLPLP.st - dbo.sc

列名	数据类型	允许 null 值
学号	char(8)	☐
课程号	int	☐
成绩	int	☑

图 2-5　sc 表的结构

表的数据如图 2-6 所示。

LP\LPLPLP.st - dbo.sc

学号	课程号	成绩
114L0201	1	80
114L0201	2	77
114L0201	3	88
114L0201	4	90
114L0201	5	95
114L0202	1	69
114L0202	2	85
114L0202	3	87
114L0202	4	85
114L0203	1	76
114L0203	2	88
114L0203	3	65
114L0203	4	77
114L0203	5	85
114L0204	1	null
114L0205	1	null
114L0206	1	73
114L0206	2	80

图 2-6　sc 表的数据

备注：三张表 student、sc 和 course 之间的外键设置参看例 6-8，其中主键表 student 的学号字段对应外键表 sc 的学号字段；主键表 course 的课程号字段对应外键表 sc 的课程号字段。一定要记得进行设置。

任务评价

主要测评项目		学生自评			
		A	B	C	D
专业知识	示例数据库的创建				
	表的创建及主键的设置				
	外键的设置				
	输入表中数据				
小组配合	成果交流共享				
	组内互帮互助				
小组评价	学会正确设置主外键				
教师评价	学会数据库、表的正确设置及输入数据				

项目二
数据库的创建与管理

- 了解系统数据库。
- 分别使用 SSMS 和 T-SQL 创建与修改数据库。
- 分别使用 SSMS 和 T-SQL 查看和删除数据库。

任务 1
SQL Server 2012 系统数据库

任务描述

了解系统数据库。

任务分析

系统数据库的组成及文件分析。

1. SQL Server 2012 数据库组成

SQL Server 2012 DataBase Engine(数据库引擎)是存储、处理和保证数据安全的核心服务,数据库引擎中的数据库由包含数据的基本表和其他对象(如视图、索引、存储过程和触发器)组成,主要数据库对象见表 2-1。

表 2-1 数据库及其对象组成

对象	描　述
数据库	说明如何使用数据库表示、管理和访问数据
表	说明如何使用表存储数据行和定义多张表之间的关系

续　表

对象	描　述
索引	主要用来提高查询速度
视图	说明各种视图及其用途(提供其他方法查看一张或多张表中的数据)
存储过程	将一些固定的操作集合起来由数据库服务器来完成,以完成某个特定的应用
DML 触发器	仅在修改表中的数据后执行
DDL 触发器	在响应数据定义语言(DDL)语句时触发
用户定义函数	说明如何使用函数将任务和进程集中在服务器中
程序集	说明如何在 SQL Server 中使用程序集部署以.net framework 公共运行时(CLR)中驻留的一种托管代码语言编写的(不是 T-SQL 编写的)函数、存储过程、触发器、用户定义聚合以及用户定义类型

2. 系统数据库

- 启动“SQL Server Management Studio”。
- 在“对象资源管理器”中展开“数据库”节点,然后展开“系统数据库”,即可查看到 master 等系统数据库,如图 2-7 所示。

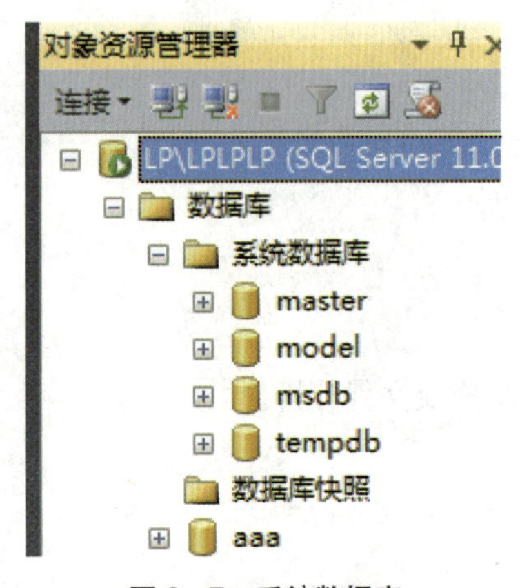

图 2-7　系统数据库

系统数据库自动安装到数据库服务器上,系统数据库及其描述见表 2-2。

表 2-2　系统数据库

系统数据库	描　述
master 数据库	记录所有其他的数据库,其中包括数据库文件的位置,记录了所有 SQL Server 服务器特定的配置信息
msdb 数据库	包含任务调度、异常处理和报警处理等

续 表

系统数据库	描　述
model 数据库	用作在系统上创建的所有数据库的模板或原型，每当创建数据库时，model 数据库的内容就被拷贝到新的数据库中
tempdb 数据库	保存所有的临时表和临时存储过程为全局资源，SQL Server 每次启动时都重新创建

3. 文件和组

SQL Server 2012 使用一组操作系统文件映射数据库。数据库中的所有数据和对象都存储在下列操作系统文件中：

- 主要数据库文件（*.mdf）。
- 次要数据库文件（*.ndf）。
- 事务日志（*.ldf）。

注：一个数据库必须包括一个主要数据库文件和一个事务日志文件。

例如 master 数据库对应的物理文件如下：

数据文件：C:\Program Files\Microsoft SQL Server\MSSQL11.LPLPLP\MSSQL\DATA\master.mdf。

日志文件：C:\Program Files\Microsoft SQL Server\MSSQL11.LPLPLP\MSSQL\DATA\mastlog.ldf。

任务评价

主要测评项目		学生自评			
		A	B	C	D
专业知识	了解系统数据库的组成及文件分析				
小组配合	成果交流共享				
小组评价	掌握系统数据库的组成				
教师评价	掌握系统数据库的文析分析				

任务 2
创建和修改数据库

使用 SSMS 和 T-SQL 创建和修改数据库。

任务分析

难点在于利用代码创建和修改数据库。

1. 使用 SSMS 创建数据库

“学生选课管理系统”的数据库名为 st，使用 SSMS 创建 st 数据库的步骤如下：

(1) 启动 SSMS，在“对象资源管理器”中右键单击“数据库”节点，在弹出的快捷菜单中选择“新建数据库”命令。如图 2-8 所示。

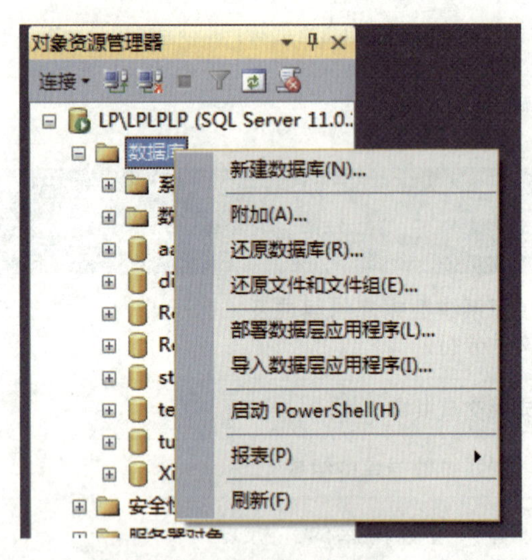

图 2-8　新建数据库

(2) 打开“新建数据库”对话框，在“数据库名称”文本框中输入新数据库的名称(这里为 st)。

(3) 添加或删除数据文件和日志文件；指定数据库的逻辑名称，系统默认用数据库名作为前缀创建主数据库和事务日志文件，如 st 和 st_log，如图 2-9 所示。

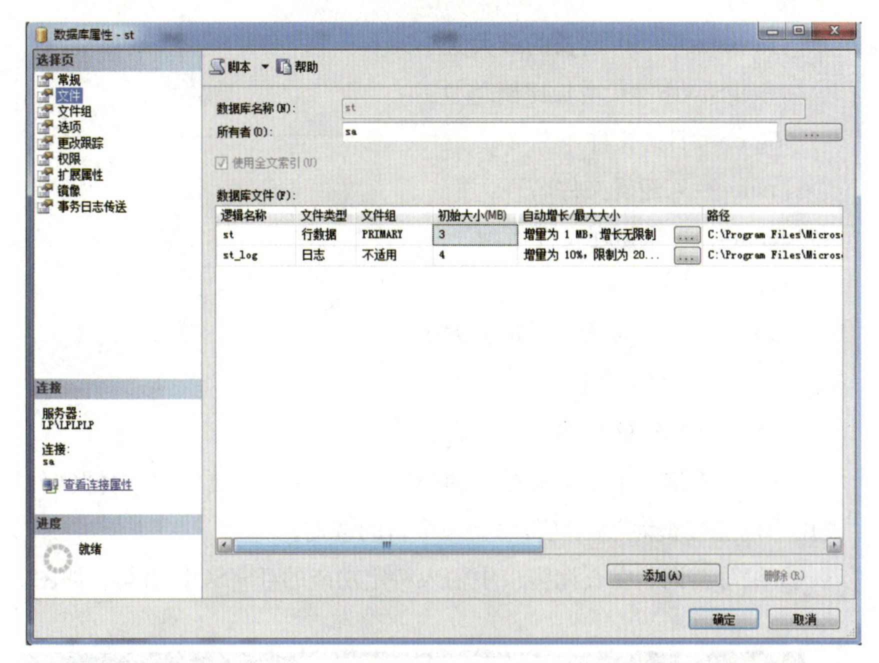

图 2-9 “新建数据库”对话框

(4) 可以更改数据库的自动增长方式。文件的增长方式有多种，数据文件的默认增长方式是按 MB，日志文件的增长方式是按百分比。

(5) 可以更改数据库对应的操作系统文件的路径，如图 2-9 的路径所示。

(6) 设置完成后，单击确定按钮，即可创建 st 数据库。

2. 使用 SSMS 修改数据库

在 SSMS 中修改 st 数据库的步骤如下：

(1) 启动 SSMS，“在对象资源管理器”中展开“数据库”节点。

(2) 右键单击 st 数据库节点，在弹出的快捷菜单中选择“属性”命令。

(3) 打开“数据库属性”对话框，进行数据库属性的修改。

3. 使用 T-SQL 创建数据库

SQL 作为一种标准的结构化查询语言，是一种通用的语言，虽然也会因某种类而小有差异，但基本的语法是一致的，这也是要求数据库用户掌握 SQL 的基本语句的原因。在 SQL Server 中介绍的是 Transact-SQL，本书简称 T-SQL。

(1) create database **基本格式**。

创建数据库的基本语句格式如下：

create database<数据库文件名>

[on<数据文件>]

([name=<逻辑文件名>,]

filename='<物理文件名>'

[,size=<大小>]

[,maxsize=＜可增长的最大大小＞]

[,filegrowth=＜增长比例＞])

[log on＜日志文件＞]

([name=＜逻辑文件名＞,]

filename='＜物理文件名＞'

[,size=＜大小＞]

[,maxsize=＜可增长得最大大小＞]

[,filegrowth=＜增长比例＞])

（2） SSMS 中使用 T－SQL 语句。

① 新建查询。单击工具栏上的"新建查询"按钮，或依次选择"文件"→"新建"→"使用当前连接查询"菜单项，建立一个新的查询。

② 编写查询。在查询窗口中输入特定功能的 T－SQL 语句。如图 2－10 所示。

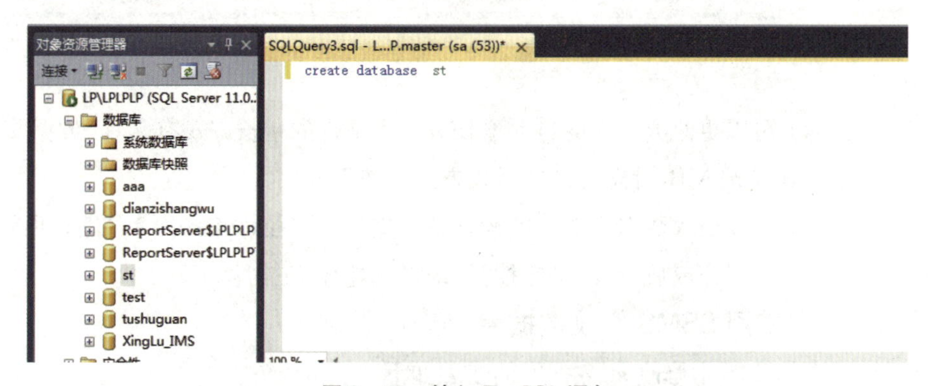

图 2－10　输入 T－SQL 语句

③ 执行查询。单击工具栏上的 按钮，分析检查语法。当检查通过时，再单击工具栏上的 执行(X) 按钮。

> **注释：如果在查询语句编辑区域选定了语句，则对选定语句执行检查和执行操作，否则执行所有语句。用户编写的 T－SQL 脚本可以以文件(.sql)保存。**

（3） 使用 create database 语句创建数据库。

例 2－1　使用 T－SQL 语句创建 st 数据库。

下面以不同的方式来实现 create database 语句创建数据库的任务。

（1） 创建数据库到默认位置。

```
create database st
```

（2） 创建数据库到 d: \data 文件夹。

考虑到数据的安全和系统维护的方便，数据库管理员决定创建 st 数据库到

d:\data 文件夹,并指定数据库主要数据库文件的逻辑名称为 st_dat,物理文件名为 st. mdf。事务日志文件会自动创建。

```
create database st
on
(name=st_dat,
filename='d:\data\st. mdf')
```

(3) 创建数据库时指定数据库文件和日志文件的属性。

进一步考虑到文件的增长和日志文件的管理,指定主数据库文件的逻辑名称为 st_dat,物理文件名称为 st_dat. mdf,初始大小为 20 MB,最大为 60 MB,增长 5 MB。日志文件的逻辑名称为 st_log,物理文件名称为 st_log. ldf,初始大小为 5 MB,最大为 25 MB,增长 5 MB。

```
create database st
on
(name=st_dat,
  filename='d:\data\st_dat. mdf',
  size=20,
  maxsize=60,
  filegrowth=5)
log on
(name='st_log',
  filename='d:\data\st_log. ldf',
  size=5 MB,
  maxsize=25 MB,
  filegrowth=5 MB)
```

4. 使用 T-SQL 修改数据库

alter database 提供了更改数据库名称、文件组名称以及数据文件和日志文件的逻辑名称的能力,但不能改变数据库的存储位置。基本格式如下:

```
alter database<数据库名称>
{add file<数据文件>
|add log file<日志文件>
|remove file<逻辑文件名>
|add filegroup<文件组名>
|remove filegroup<文件组名>
|modify file<文件名>
|modify name=<新数据库名称>
```

|modify filegroup<文件组名>

|set<选项>}

例 2-2 使用 T-SQL 语句修改 st 数据库。例如添加次要数据库文件，逻辑名称为 st_dat2，物理文件名称为 st_dat2.ndf，初始大小为 5 MB，最大为 100 MB，增长 5 MB。

```
alter database st
add file
(
 name=st_dat2,
 filename='d:\data\st_dat2.ndf',
 size=5 MB,
 maxsize=100 MB,
 filegrowth=5 MB
)
```

任务评价

主要测评项目		学生自评			
		A	B	C	D
专业知识	使用 SSMS 创建和修改数据库				
	T-SQL 创建和修改数据库				
小组配合	成果交流共享				
小组评价	正确编写代码				
教师评价	能用两种方法创建和修改数据库				

任务 3 查看和删除数据库

任务描述

使用 SSMS 和 T-SQL 查看和删除数据库。

任务分析

难点在于利用代码查看和删除数据库。

任务实施

1. 使用 SSMS 查看和删除数据库

（1）查看数据库。

例 2-3 查看 st 数据库的属性。

操作步骤如下：

① 启动 SSMS，在“对象资源管理器”中展开“数据库”结点。

② 右键单击 st 数据库结点，在弹出式菜单中选择“属性”命令。打开“数据库”属性对话框，这时可以查看数据库的相关信息。

（2）删除数据库。

① 启动 SSMS，在“对象资源管理器”中展开“数据库”结点。

② 右键单击 st 数据库结点，在弹出式菜单中选择“删除”命令。打开“删除对象”对话框，单击“确认”按钮确认删除。

2. 使用 T-SQL 查看和删除数据库

（1）需要查看 st 数据库的信息。

```
sp_helpdb st
```

（2）删除 st 数据库。

```
drop database st
```

任务评价

主要测评项目		学生自评			
		A	B	C	D
专业知识	使用 SSMS 查看和删除数据库				
	T-SQL 查看和删除数据库				
小组配合	成果交流共享				
小组评价	正确编写代码				
教师评价	能用两种方法查看和删除数据库				

项目三
数据表的创建与管理

- 掌握数据类型。
- 创建与修改表。
- 查看和删除表。

任务1 SQL Server 2012中的数据类型

任务描述

掌握SQL Server的常用数据类型。

任务分析

数据类型的设置及数据范围。

任务实施

在SQL Server中，数据类型是创建表的基础。在创建表时，必须为表中的每列指派一种数据类型。本节将介绍SQL Server中最常用的一些数据类型。即使创建自定义数据类型，也必须基于一种标准的SQL Server数据类型。

1. 字符数据类型

字符数据类型包括varchar，char，text等。这些数据类型用于存储字符数据。表2-3列出了字符数据类型。

表 2-3 字符数据类型

数据类型	描述	存储空间
char(n)	n 为 1～8 000 字符之间	n 字节
nchar(n)	n 为 1～4 000 Unicode 字符之间	2n 字节
nvarchar(max)	最多为 $2^{30}-1$(1 073 741 823) Unicode 字符	2×字符数+2 字节额外开销
text	最多为 $2^{31}-1$(2 147 483 647)字符	每字符 1 字节+2 字节额外开销
varchar(n)	n 为 1～8 000 字符之间	每字符 1 字节+2 字节额外开销
varchar(max)	最多为 $2^{31}-1$(2 147 483 647)字符	每字符 1 字节+2 字节额外开销

2. 精确数值数据类型

数值数据类型包括 bit、tinyint、smallint、int、bigint、numeric、decimal、money、float 以及 real。这些数据类型都用于存储不同类型的数值。第一种数据类型 bit 只存储 null、0 或 1，在大多数应用程序中被转换为 true 或 false。bit 数据类型非常适合用于开关标记，且只占据 1 字节空间。其他常见的数值数据类型如表 2-4 所示。

表 2-4 精确数值数据类型

数据类型	描述	存储空间
bit	0、1 或 null	1 字节(8 位)
tinyint	0～255 之间的整数	1 字节
smallint	-32 768～32 767 之间的整数	2 字节
int	-2 147 483 648～2 147 483 647 之间的整数	4 字节
bigint	-9 223 372 036 854 775 808～9 223 372 036 854 775 807 之间的整数	8 字节
numeric(p,s)或 decimal(p,s)	$-10^{38}+1$～$10^{38}-1$ 之间的数值	最多 17 字节
money	-922 337 203 685 477. 580 8～922 337 203 685 477. 580 7	8 字节
smallmoney	-214 748. 364 8～214 748. 364 7	4 字节

3. 近似数值数据类型

这个分类中包括数据类型 float 和 real。它们用于表示浮点数据。但是，由于它们是近似的，因此不能精确地表示所有值，如表 2-5 所示。

表 2-5 近似数值数据类型

数据类型	描 述	存储空间
float[(n)]	-1.79E+308 ~ -2.23E-308, 0, 2.23E-308 ~ 1.79E+308	n≤24-4 字节 n>24-8 字节
real()	-3.40E+38~-1.18E-38,0,1.18E-38~3.40E+38	4 字节

4. 二进制数据类型

varbinary、binary、varbinary(max)等二进制数据类型用于存储二进制数据，如图形文件、Word文档或MP3文件，值为十六进制的0x0～0xf。image数据类型可在数据页外部最多存储2 GB的文件，如表2-6所示。

表 2-6 二进制数据类型

数据类型	描 述	存储空间
binary(n)	n为1~8 000十六进制数字之间	n字节
varbinary(n)	n为1~8 000十六进制数字之间	每字符1字节+2字节额外开销
varbinary(max)	最多为 $2^{31}-1$(2 147 483 647)十六进制数字	每字符1字节+2字节额外开销

5. 日期和时间数据类型

如表2-7所示。

表 2-7 日期和时间数据类型

数据类型	描 述	存储空间
date	1年1月1日—9999年12月31日	3字节
datetime	1753年1月1日—9999年12月31日，精确到最近的3.33毫秒	8字节
datetime2(n)	1年1月1日—9999年12月31日 0~7之间的n指定小数秒	6~8字节
datetimeoffset(n)	1年1月1日—9999年12月31日 0~7之间的n指定小数秒+/-偏移量	8~10字节
smalldateTime	1900年1月1日—2079年6月6日，精确到1分钟	4字节
time(n)	时:分:秒.999 999 9 0~7之间的n指定小数秒	3~5字节

以上是常见的数据类型，剩下其他系统数据类型本书不介绍。

任务评价

主要测评项目		学生自评			
		A	B	C	D
专业知识	数据类型的分类、设置及数据范围				
小组配合	成果交流共享				
小组评价	设置数据类型				
教师评价	掌握数据类型的分类、设置及数据范围				

任务 2 创建与修改表

任务描述

分别利用 SSMS 和 T-SQL 创建与修改表。

任务分析

注意利用 SSMS 创建与修改表的步骤和注意点，代码创建和修改表是难点。

任务实施

确定需要什么样的表，各表中都应该包括哪些数据以及各张表之间的关系和存取权限等，这个过程称之为设计表。需确定项目：

(1) 表中每一列的名称。

(2) 表中每一列的数据类型和宽度。

(3) 表中的列中是否允许空值。

(4) 表中的列是否需要约束、默认设置或规则。

(5) 表是否需要约束。

(6) 表所需要的索引的类型和需要建立索引的列。

(7) 表间的关系，即确定哪些列是主键，哪些是外键。

1. 使用 SSMS 创建和修改表

（1）使用 SSMS 创建表。

例 2-4 根据数据库设计情况，要将学生相关信息存放在 student 中，需要在“学生选课管理系统”数据库 st 中创建存放学生信息的表 student。

① 启动 SSMS，在“对象资源管理器”中依次展开数据库节点和 st 数据库节点。

② 右键单击“表”，在弹出式选择“新建表”命令，这时如图 2-11 所示。

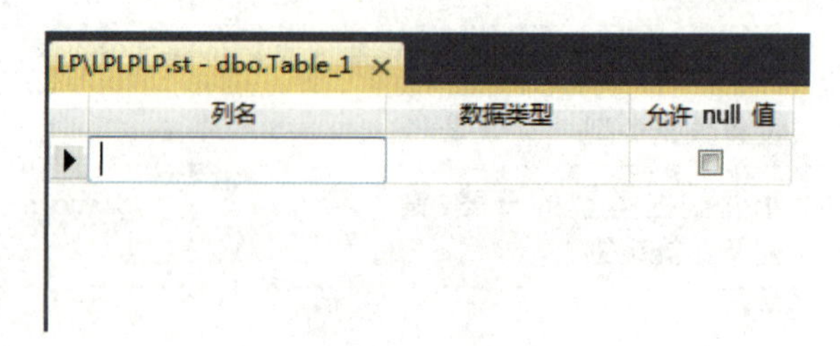

图 2-11 新建表

输入完成后表的基本信息如图 2-12 所示。

LP\LPLPLP.st - dbo.student

列名	数据类型	允许 null 值
学号	char(8)	☐
姓名	char(10)	☑
性别	char(2)	☑
出生日期	datetime	☑
所在系	varchar(20)	☑
手机号码	char(11)	☑
家庭地址	nvarchar(50)	☑
		☐

图 2-12 student 表的基本结构

注释：学号打小钥匙表明该字段为“主键”。同时注意列名不能在同一张表中相同。

③ 所有列名输入完成后，单击工具栏上的按钮，打开“选择名称”对话框，输入表名 student，完成表的建立。

注释：同一个数据库中表名不能同名。

和上面的操作步骤相同可依次创建 st 数据库中课程表 course（表结构见图 2-3）和学生选课数据表 sc（表结构见图 2-5）。创建好之后界面如图 2-13 所示。

（2）使用 SSMS 修改表。

① 修改表的结构。假设数据库 st 中表 student 的结构设计错了，要重新修改表的结构。基本步骤如下：先单击 student 表→点击右键，在弹出式菜单里选择“设计”，即可对表进行修改→修改完成后保存即可。

图 2 - 13　创建好 3 张表显示效果图

② 重命名表。假设数据库 st 中表 student 的表名要进行修改。基本步骤如下：先单击 student 表→点击右键，在弹出式菜单里选择"重命名"，即可对表名进行修改。

2. 使用 T - SQL 创建与修改数据表

（1）使用 T - SQL 创建数据表。

使用 T - SQL 语句创建表的基本语句格式如下：

create table[{服务器名.[数据库名].[架构名].|数据库名.[架构名].|架构名.}]数据库表名

(

列名,数据类型[not null][identity(初值,步长)][default 默认值][unique]

[primary key][clustered|nonclustered][,

列名,数据类型[not null][default 默认值][unique][,…n]][,

列名 as 计算列值的表达式[,…n]][,[constraint 主键约束名]primary key(属性名)][,

[constraint 检查约束名]check(逻辑表达式)[,n]][,

[foreign key (外键属性) references 参照表(参照属性)[,…n]]

)

[on {文件组|默认文件组}]

例 2 - 5　使用 T - SQL 创建数据表 student。

```
use st
go
create table [dbo].[student](
    [学号] [char] (8) not null primary key,
    [姓名] [char] (10) null,
```

```
    [性别] [char] (2) null,
    [出生日期] [datetime] null,
    [所在系] [varchar] (20) null,
    [手机号码] [char] (11) null,
    [家庭地址] [nvarchar] (50) null,
)
```

例 2-6 使用 T-SQL 创建数据表 course。

```
use st
go
create table [dbo].[course](
    [课程号] [int] identity(1,1)  not null primary key,
    [课程名] [varchar] (20) null,
    [学分] [int] null,
    [先行课] [int] null,
    [教师] [char] (10) null
    )
```

例 2-7 使用 T-SQL 创建数据表 sc。

```
use st
go
create table [dbo].[sc](
    [学号] [char] (8) not null,
    [课程号] [int] not null,
    [成绩] [int] null,
    constraint [PK_sc] primary key clustered
(
    [学号],
    [课程号]
)
)
```

(2) 使用 T-SQL 修改数据表。

在数据库设计完成后有时要求对数据库中的表进行修改,alter table 语句修改表的结构,包括添加新列、添加新约束条件、修改原来的列定义和删除已有的列和约束条件,其格式如下:

```
alter table<表名>
[alter column<列名><新数据类型>]
```

[add＜新列名＞＜数据类型＞[完整性约束]]

[drop＜完整性约束名＞]

例 2－8 因为需要了解学生的身份证号，需要在 student 表中添加一个长度为 20 个字符、名称为身份证号、类型为 varchar 的新的 1 列。

alter table student add 身份证号 varchar(20)

例 2－9 如果不需要了解学生的身份证号，在 student 表中删除“身份证号”该列

alter table student drop column 身份证号。

任务评价

主要测评项目		学生自评			
		A	B	C	D
专业知识	分别利用 SSMS 和 T－SQL 创建与修改表				
小组配合	成果交流共享				
小组评价	能够用 T－SQL 创建与修改表				
教师评价	学会编写 T－SQL				

任务 3 查看和删除表

任务描述

使用 SSMS 和 T－SQL 查看和删除表。

任务分析

注意 SSMS 的操作步骤和代码的理解分析。

任务实施

1. 使用 SSMS 查看和删除表

（1） 使用 SSMS 查看表。

例 2－10 查看 st 数据库中 student 表的信息。

① 启动 SSMS,在“对象资源管理器”中依次展开“数据库”节点、“st”数据库节点。

② 在 student 表上单击鼠标右键,在弹出的快捷菜单中选择“属性”命令。

③ 打开“表属性”对话框,可以查看 student 表的常规、权限和扩展属性等详细信息。

（2）使用 SSMS 删除表。

例 2-11 删除 st 数据库中 student 表。

① 启动 SSMS,在“对象资源管理器”中展开“数据库”节点。

② 展开“st”数据库节点,在 student 表上单击鼠标右键,在弹出的快捷菜单中选择“删除”命令。

③ 打开“删除对象”对话框,单击“确定”按钮即可完成对表的删除。

2. 使用 T-SQL 查看和删除表

（1）使用 T-SQL 查看表。

例 2-12 查看 student 数据表的信息。

```
use st
go
exec sp_help student
```

（2）使用 T-SQL 删除表。

例 2-13 删除 student 数据表。

```
drop table student
```

注释:表定义一旦删除,表中的数据、在此表上建立的索引都将自动被删除掉,而建立在此表上的视图虽仍然保留,但已无法引用。因此执行删除操作一定要格外小心。

主要测评项目		学生自评			
		A	B	C	D
专业知识	使用 SSMS 和 T-SQL 查看和删除表				
小组配合	成果交流共享				
小组评价	能够用 T-SQL 查看和删除表				
教师评价	学会编写 T-SQL				

项目四
记录的操作

学习目标

- 使用 SSMS 插入、修改和删除数据。
- 使用 T-SQL 插入、修改与删除数据。

任务 1 使用 SQL Server Management Studio 插入、修改与删除数据

任务描述

使用 SSMS 插入、修改和删除数据。

任务分析

注意一些操作的注意点。

任务实施

例 2-14 通过 SSMS 完成 student 表记录的添加、删除和修改操作。

(1) 启动 SSMS，在“对象资源管理器”中依次展开“数据库”结点、st 数据库结点。

(2) 在 student 表上单击鼠标右键，在弹出的快捷菜单中选择“编辑前 200 行(E)”命令。

(3) 在 SSMS 中可以直接在图 2-14 的表格中完成添加、删除和修改表中记录的操作。

注释：添加、删除和修改记录操作不一定总是正确，数据必须遵循约束规则。在添加和修改记录时按“esc”键可取消不符合约束的数据的输入。

LP\LPLPLP.st - dbo.student ×

学号	姓名	性别	出生日期	所在系	手机号码	家庭地址
114L0201	刘滢	女	1996-02-23 00: 00: 00.000	计算机系	13723333333	广东广州
114L0202	施瑜娟	女	1995-06-20 00: 00: 00.000	计算机系	13666666666	湖北武汉
114L0203	陈威东	男	1995-11-07 00: 00: 00.000	商务系	13500000000	上海市
114L0204	陈晓扬	男	1996-01-06 00: 00: 00.000	商务系	13711111111	广西南宁
114L0205	刘胜美	女	1994-02-03 00: 00: 00.000	计算机系	13509876788	湖南株洲
114L0206	黄思勤	男	1997-01-08 00: 00: 00.000	计算机系	13198076549	四川成都

图 2 - 14　student 表中修改、删除和更新记录

任务 2
使用 T - SQL 插入、修改与删除数据

任务描述

使用 T - SQL 插入、修改和删除数据。

任务分析

难点在于代码的编写，重点理解 insert、update 和 delete 代码命令的分析。

任务实施

1. 插入记录

基本格式如下：

- insert into 数据表名（列名表）values（元组值）。
- insert into 数据表名（列名表）select 查询语句。
- 表的插入 insert into 基本表名 1 [（表的列名）] table 基本表名 2。

注释：列名表中的属性排列顺序和 values 后跟的记录值的排列顺序要一致，对应的数据类型要一致。如果没有指定列名表，则表示数据表中的所有属性列。identity 不用体现。

例 2 - 15　添加一条记录到 student 表中。

insert into student(学号,姓名,性别,出生日期,所在系,手机号码,家庭地址)　values（‘114L0207’,‘刘呼兰’,‘女’,‘1996 - 2 - 3’,‘化工系’,‘13077777777’,‘湖北武汉’）

注释：identity 列不用体现。数据类型要匹配。为可空的字段可以不体现。因为上面全部字段已经体现，可以用“insert into student values(‘114L0207’,‘刘呼兰’,‘女’,‘1996 - 2 - 3’,‘化工系’,‘13077777777’,‘湖北武汉’)”。

例 2－16　将查询结果插入 sc 表中。例如将学号 114L0201、成绩 80 分以及课程表中所有课程号插入表 sc 中。

```
insert into sc
select '114L0201',课程号,80 from course
```

注释：114L0201 和 80 是常量，课程号是字段名。

2. 修改记录

基本格式如下：

```
update 基本表名
set 列名＝值表达式[,
列名＝值表达式…]
[where 条件表达式]
```

例 2－17　更新 student 表中的所有行，将出生日期列中的值变为原出生日期值加 1。

```
use st
go
update student set 出生日期＝出生日期＋1
```

例 2－18　将选“1”课程的学号是 114L0201 的学生的成绩改成 85 分。

```
update sc set 成绩＝85
where 课程号＝1 and 学号＝'114L0201'
```

例 2－19　将刘滢学生的成绩减少 5 分。

```
update sc set 成绩＝成绩－5
where 学号 in
(select 学号 from student where 姓名＝'刘滢')
```

3. 删除记录

基本格式如下：

```
delete from 基本表名[where 条件表达式]
```

例 2－20　删除学号为 114L0201 的学生选课信息。

```
delete from sc where 学号＝'114L0201'
go
select * from sc
```

例 2－21　从 sc 表中删除所有行。

```
use st
go
delete from sc
```

```
go
select * from sc
```

任务评价

主要测评项目		学生自评			
		A	B	C	D
专业知识	Insert 语句的正确使用				
	update 语句的正确使用				
	delete 语句的正确使用				
小组配合	组内互帮互助				
小组评价	使用 T-SQL 插入、修改和删除数据				
教师评价	掌握 T-SQL 进行插入、修改和删除数据				

习题 2

一、选择题

1. 若要修改基本表中某一列的数据类型，需要使用 alter 语句中的(　　)子句。

(A) delete　　(B) drop

(C) modify　　(D) add

2. 向基本表中增加一个新列后，原有元组在该列上的值是(　　)。

(A) true　　(B) false

(C) 空值　　(D) 不确定

3. 若用如下的 SQL 语句创建一个 student 表：

```
create table student (no char(4) not null,
name char(8) not null,
sex char(2),
age smallint);
```

可以插入 student 表中的是(　　)。

(A) ('1031','曾华',男,23)　　(B) ('1031','曾华',null,null)

(C) (null,'曾华','男',23)　　(D) ('1031',null,'男',23)

4. 下列关于数据文件与日志文件的描述中，正确的是(　　)。

(A) 一个数据库必须有三个文件组成：主数据文件、次数据文件和日志文件

(B) 一个数据库可以有多个主数据库文件

(C) 一个数据库可以有多个次数据库文件

(D) 一个数据库只能有一个日志文件

5. SQL Server 支持 4 个系统数据库，其中用来保存 SQL Server 系统登录信息和系统配置的(　　)数据库。

(A) master　　(B) tempdb

(C) model　　(D) msdb

二、填空题

1. 在 SQL 语言中，创建基本表应使用(　　)语句。

2. 在 SQL 语言中，delete 命令用来删除表中的记录，(　　)命令用来删除表。update 命令用来更新表的记录值，(　　)语句用来更新表结构。

数据库和表的管理

一、实训目的

1. 掌握 SQL Server 2012 的工具的使用。
2. 掌握创建、修改、删除数据库的数据表的方法。

二、实训要求

1. 创建、修改、删除数据库。
2. 创建、修改、删除数据表的方法。

三、实训步骤

1. 每位学生以“st＋自己的学号”作为数据库名创建一个数据库，初始大小：一个 10 MB 和一个 20 MB 的数据文件和两个 10 MB 的事务日志文件。数据文件逻辑名称为 st1 和 st2，物理文件名为 st1. mdf 和 st2. ndf。主文件是 st1，由 primary 指定，两个数据文件的最大尺寸是 100 MB，增长速度分别为 10%和 1 MB。事务日志文件的逻辑名为 stlog1 和 stlog2，物理文件为 stlog1. Ldf 和 stlog2. Ldf，最大尺寸为 50 MB，文件增长速度为 1 MB。(要求手工操作)
2. 在 st＋学号数据库中，创建“学生表”，包括：学号(char(6))、姓名(char(8))、年龄(int not null)和性别(char(2))。主键为学号。(要求写代码实现)
3. 修改数据表“学生表”，在学生表中增加字段：家庭地址(varchar(30))和学生所在系(char(20))。(要求写代码实现)

4. 向“学生表”插入4条记录，如表2-8所示。(要求写代码实现)

表2-8　学生信息表数据

学号	姓名	年龄	性别	家庭地址	学生所在系
980101	王波	20	男	北京路	交通工程系
980102	吴英	19	女	延安路	汽车系
980103	李兵	19	男	南山路	信息技术系
980104	张霞	20	女	中山北路	汽车系

5. 修改表中的数据(要求写代码实现)：

(1) 在学生表中，学生王波从交通工程系转到信息技术系，请修改此记录。

(2) 吴英同学的家搬到中山南路。

(3) 信息技术系的学生都毕业了，把他们的数据删除。

6. 将st＋学号数据库中的学生表删除。(要求写代码实现)

7. 将st＋学号数据库删除。(要求写代码实现)

模块三
数据查询

本模块首先介绍单表和多表查询，消除结果集中的重复行，设置属性列的别名，限制结果集输出的行数，使用查询表达式，into 子句的使用，利用不同运算符实现数据的查询。其次介绍查询结果排序，利用聚合函数实现数据的统计等操作，利用 group by 子句对数据进行分组，掌握广义笛卡儿积、连接查询、自身连接、join 连接、交叉连接、左外连接等。最后介绍子查询(不相关子查询和相关子查询)的使用，子查询的多层嵌套的使用，update，insert 和 delete 语句中的子查询，两个查询进行并(union)操作等。

项目一 select查询语句

- 简单的select语句。
- 表达式运算符。

任务1 select语句的执行窗口

select语句的执行窗口。

任务分析

掌握利用select语句的执行窗口查询数据。

任务实施

数据库管理系统的一个最重要的功能就是数据查询，数据查询不应只是简单查询数据库中存储的数据，还应该根据需要对数据进行筛选，以及确定数据以什么样的格式显示。本模块将介绍如何使用select语句查询数据表中的一列或多列数据、使用集合函数显示查询结果、连接查询、子查询等。

在SQL Server 2012中，执行select查询语句的方式主要使用“基于文本的查询设计器用户界面”。使用基于文本的查询设计器可以用数据源支持的查询语言来指定查询，还可以运行查询并在运行时查看结果。

操作步骤如下：

(1) 在SQL Server Management Studio窗口中选择相应的数据库，单击工具栏上的“新建查询”按钮，如图3－1所示，可在编辑器中编辑与执行select语句。

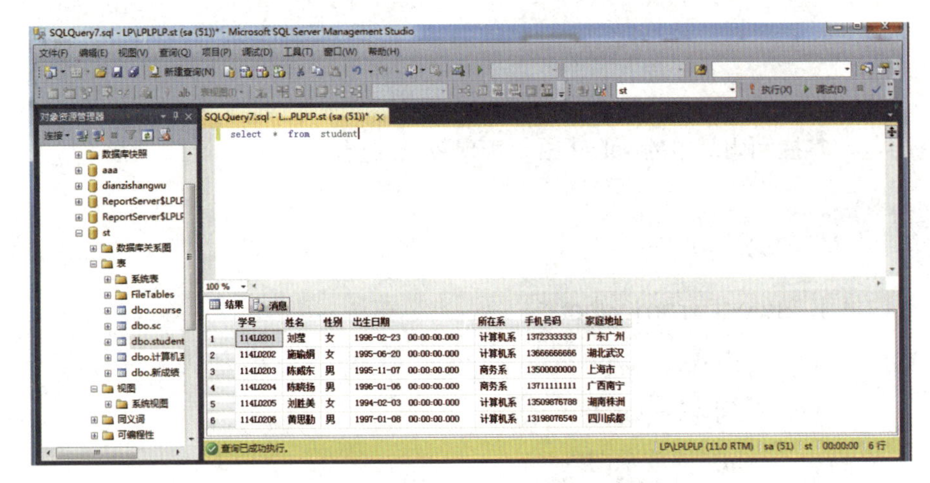

图 3－1　基于文本的查询设计器用户界面

（2）在 SQL 编辑器窗口中输入 SQL 语句后，单击工具栏上的 ✓ 按钮，分析检查语法。当检查通过时，再单击工具栏上的 ! 执行(X) 按钮，在 SQL 语句的下方会显示 select 查询语句结果。

任务评价

主要测评项目		学生自评			
		A	B	C	D
专业知识	利用 select 语句的执行窗口查询数据				
小组配合	成果交流共享				
	组内互帮互助				
小组评价	理解操作步骤				
教师评价	掌握利用 select 语句的执行窗口查询数据				

任务 2
简单查询

实现利用 select 语句查询数据。

任务分析

掌握利用简单的 select 语句实现数据的查询。

1. select-from-where

（1）格式。

select<列表>[into<新表>]
  from<表或视图>
   where<条件表达式>

（2）功能。

“<列表>”指定要选择的属性和表达式，子句“into<新表>”将查询结果存放到指定新表，“from<表或视图>”指定数据来源表或视图，“where<条件表达式>”指定查询出的记录行需满足的条件。格式中出现的[]表示可选语法项；<>用于对可在语句中的多个位置使用的语法段或语法单元进行分组和标记，是不可缺省语法项。

2. 简单查询举例

（1）选择指定的属性列。

例 3-1 查询所有学生可选的课程信息。

select * from course --“*”表示选择表的所有属性列

> 注释：不区分大小写；等价于 select 课程号，课程名，学分，先行课，教师 from course。* 前后加空格，course 前加空格。

查询结果如图 3-2：

课程号	课程名	学分	先行课	教师
1	数据库	4	5	陈运命
2	数学	2	null	赵宝强
3	信息系统	4	1	李好
4	操作系统	3	6	王三
5	数据结构	4	7	刘超

图 3-2 查询结果

例 3-2 查询学生的学号、姓名。

select 学号，姓名 from student

> 注释：学号，姓名为 student 表的属性名，各属性名之间用英文逗号分隔开，student 表为数据库 st 中的表名。

查询结果如图 3－3：

学号	姓名
114L0201	刘莹
114L0202	施瑜娟
114L0203	陈威东
114L0204	陈晓扬
114L0205	刘胜美
114L0206	黄思勤

图 3－3　查询结果

（2）消除结果集中的重复行。

要求某输出数据中不出现重复元组，则在 select 后加 distinct 关键字。

例 3－3　查询选修了课程的学生学号。

select distinct 学号 from sc

查询结果如图 3－4：

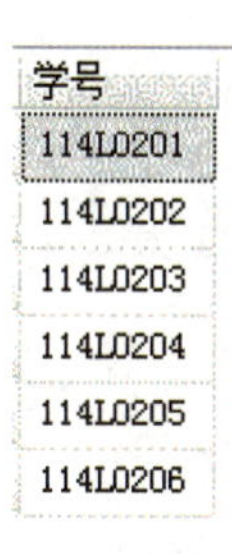

学号
114L0201
114L0202
114L0203
114L0204
114L0205
114L0206

图 3－4　查询结果

注释：读者可以试试把 distinct 拿掉后执行的结果，进行比较。

（3）设置属性列的别名。

例 3－4　查询 student 表的学号和姓名的信息，其中设置学号的别名为 sno，设置姓名的别名为 name。

select 学号 as sno，姓名 as name from student

运行结果如图 3－5：

sno	name
114L0202	施瑜娟
114L0201	刘莹
114L0205	刘胜美
114L0207	刘呼兰
114L0206	黄思勤
114L0204	陈晓扬
114L0203	陈威东

图 3－5　查询结果

当自定义的别名有空格时，要用中括号或单引号括起来，并且可以省略 as 关键字。

（4）限制结果集输出的行数。

可以通过 top 子句限制输出记录行数。

命令格式如下：

select [top n [percent]] [属性列表]

功能：如果指定 percent 关键字，则返回前百分之 n 条记录，n 必须是介于 0 到 100 之间的正整数，“select top 5 percent”表示输出结果集的前 5% 记录行。而例如，“select top 5”表示输出结果集的前 5 行。

例 3-5 列出学生选课数据表 sc 中前 10% 条记录信息。

```
select top 10 percent * from sc
```

查询结果如图 3-6：

学号	课程号	成绩
114L0201	1	80
114L0201	2	70

图 3-6 查询结果

例 3-6 查询学生选课数据表 sc 中前 5 条记录的信息。

```
select top 5 * from sc
```

查询结果如图 3-7：

学号	课程...	成绩
114L0201	1	80
114L0201	2	70
114L0201	3	88
114L0201	4	97
114L0201	5	100

图 3-7 查询结果

（5）使用查询表达式。

例 3-7 列出学生表 student 中学生的学号和出生年份。

```
select 学号,出生年份=year(出生日期) from student --year 函数获取年份
```

或

```
select 学号,year(出生日期) as 出生年份 from student
```

注释：month 获取月份，day 获取日。

查询结果如图 3-8：

学号	出生年份
114L0201	1996
114L0202	1995
114L0203	1995
114L0204	1996
114L0205	1994
114L0206	1997

图 3-8　查询结果

（6）into 子句的使用。

例 3-8　将课程成绩 80 分以下的同学的成绩提高 5 分，然后把结果存储到新数据表“新成绩”中。

select 成绩+5 as 新成绩 into 新成绩 from sc where 成绩<80

注释：“as”后的“新成绩”是别名，“into”后“新成绩”是表名。新成绩表的数据如图 3-9。

新成绩
75
61
83
81
70
82
75

图 3-9　新成绩

例 3-9　求计算机系学生的详细信息，并将这些信息另存到数据表“计算机系”中。

select * into 计算机系 from student where 所在系='计算机系'

“计算机系”表的数据如图 3-10：

学号	姓名	性别	出生日期	所在系	手机号码	家庭地址
114L0201	刘莹	女	1996/2/23 0:00:00	计算机系	13723333333	广东广州
114L0202	施瑜娟	女	1995/6/20 0:00:00	计算机系	13666666666	湖北武汉
114L0205	刘胜美	女	1994/2/3 0:00:00	计算机系	13509876788	湖南株洲
114L0206	黄思勤	男	1997/1/8 0:00:00	计算机系	13198076549	四川成都
null	null	null	null	null	null	null

图 3-10　查询结果

任务评价

主要测评项目		学生自评			
		A	B	C	D
专业知识	实现利用 select 语句查询数据				
小组配合	成果交流共享				
	组内互帮互助				
小组评价	正确理解 select 代码及能正确编写代码				
教师评价	掌握利用 select 语句查询数据				

任务 3
表达式运算符

任务描述

表达式运算符的使用。

任务分析

掌握利用不同运算符实现数据的查询。

任务实施

where 子句实现了二维表格的选择运算，条件表达式中可以使用比较运算符、字符串运算符、逻辑运算符、指定范围运算符、集合成员运算符、连接运算符等。部分条件运算符如表 3-1 所示。

表 3-1 条件运算符

运算符分类	运算符	功能
比较运算符	=、<、<=、>、>=	依次为等于、小于、小于等于、大于、大于等于
	!=、!<、!>	依次为不等于(等同于<>)、不小于(等同于>=)、不大于(等同于<=)

续　表

运算符分类	运算符	功　　能
逻辑运算符	and	参与运算的各子表达式都返回 true 时，整个表达式的结果为 true，其他情况为 false
	or	二元运算，当参与计算的子表达式有一个为 true 时，则整个表达式返回值 true
	not 或！	对参与运算的表达式结果取反
指定范围运算符	between…and 或 not between…and	如果操作数位于某一指定范围，则返回 true；前加 not 刚好相反
集合成员资格运算符	in 或 not in	如果操作数在集合里面，则返回 true；前加 not 刚好相反
字符串运算符	like 或 not like	如果操作数与某一种模式相匹配，则返回为 true；前加 not 刚好相反
谓词运算符	exists	如果表达式的执行结果不为空，返回 true
	any	对 or 操作符的扩展，将二元运算推广为多元运算
	all	对 and 操作符的扩展，将二元运算推广为多元运算
	some	有某些子表达式的值为 true，整个表达式的值就为 true
空值比较运算符	null 或 not null	如果操作的值为空，就为 true（加 not 表示不为空）

1. 比较运算符

用于比较两个表达式的值。比较运算返回的值为 true 或 false。

例 3-10　在 student 表中检索计算机系全体学生的名单。

select 姓名 from student where 所在系='计算机系'

查询结果如图 3-11：

姓名
刘莹
施瑜娟
刘胜美
黄思勤

图 3-11　查询结果

例 3-11　在 student 表中查询 1996 年及以后出生的学生情况。

select * from student where year(出生日期)＞＝1996

或

select * from student where year(出生日期)！＜1996

查询结果如图 3－12：

学号	姓名	性...	出生日期	所在系	手机号码	家庭地址
114L0201	刘莹	女	1996-02-23 00:00:00.000	计算机系	13723333333	广东广州
114L0204	陈晓扬	男	1996-01-06 00:00:00.000	商务系	13711111111	广西南宁
114L0206	黄思勤	男	1997-01-08 00:00:00.000	计算机系	13198076549	四川成都

图 3－12　查询结果

例 3－12　查询出 student 表中计算机系年龄小于 19 岁的学生的学号和出生年份。

select 学号,year(出生日期) as 出生年份 from student where 所在系='计算机系' and (year(getdate())-year(出生日期))<19

查询结果如图 3－13：

学号	出生年份
114L0206	1997

图 3－13　查询结果

注释：若要查询日期或时间的一部分，请使用 like 运算符。

2. 字符串运算符

（1） like 运算符。

通过比较运算符可以对字符串进行比较，根据模式匹配原理比较字符串，实现模糊查找。格式如下：

S [not] like p

S，p 是字符表达式，它们中可以出现通配符。通配符是特殊字符，用来匹配原字符串中特定字符模式。这些注释符和通配符如表 3－2 所示。

表 3－2　T－SQL 注释符和通配符

模式	功　能
%	s 中任何序列的 0 个或多个字符串进行匹配
–	可以与 s 中任何序列的一个字符串进行匹配
[a－f]	a 到 f 范围内的任一字符
[abc]	单个字符 abc
[^a－f]	除 a 到 f 范围之外的任一字符
[^abc]	单个字符 abc 除外的任一字符

例 3－13 查询所有姓刘的学生的姓名、学号和性别。

select 姓名,学号,性别 from student where 姓名 like '刘%'

查询结果如图 3－14：

姓名	学号	性别
刘莹	114L0201	女
刘胜美	114L0205	女
刘呼兰	114L0207	女

图 3－14 查询结果

例 3－14 在 student 表中查询出生日期包含 23 的学生信息。

select * from student where 出生日期 like '%23%'

查询结果如图 3－15：

学号	姓名	性别	出生日期	所在系	手机号码	家庭地址
114L0201	刘莹	女	1996-02-23 00:00:00.000	计算机系	13723333333	广东广州

图 3－15 查询结果

例 3－15 查询所有不姓刘的学生姓名。

select 姓名 from student where 姓名 not like '刘%'

查询结果如图 3－16：

姓名
施瑜娟
黄思勤
陈晓扬
陈威东

图 3－16 查询结果

例 3－16 在基本表 Student 中检索以“刘”姓打头，名字由 1 个汉字组成的学生姓名。

select 姓名 from student where 姓名 like '刘_'

查询结果如图 3－17：

姓名
刘莹

图 3－17 查询结果

（2）连接运算符。

“＋”：连接运算符，把两个字符串连接起来，形成一个新的字符串。

例如：命令 select 'abc'＋'cdef'，运行结果为 abccdef。

3. 逻辑运算符

由逻辑运算符、逻辑常量、变量及关系表达式组成，其结果仍是逻辑值。几种运算结果如表 3－3 所示。

表 3－3　逻辑运算符

表达式 A	表达式 B	not A	A and B	A or B
true	true	false	true	true
true	false	false	false	true
false	true	true	false	true
false	false	true	false	false

例 3－17　在学生表 student 中查询 1996 年出生或者姓刘的学生。

select * from student where year(出生日期)＝1996 or 姓名 like '刘%'

查询结果如图 3－18：

学号	姓名	性...	出生日期	所在系	手机号码	家庭地址
114L0201	刘滢	女	1996-02-23 00:00:00.000	计算机系	13723333333	广东广州
114L0204	陈晓扬	男	1996-01-06 00:00:00.000	商务系	13711111111	广西南宁
114L0205	刘胜美	女	1994-02-03 00:00:00.000	计算机系	13509876788	湖南株洲

图 3－18　查询结果

例 3－18　在学生表 student 中查询 1990 到 2000 年之间出生的学生。

select * from student where year(出生日期)＞1990 and year(出生日期)＜2000

查询结果如图 3－19：

学号	姓名	性别	出生日期	所在系	手机号码	家庭地址
114L0201	刘滢	女	1996-02-23 00:00:00.000	计算机系	13723333333	广东广州
114L0202	施瑜娟	女	1995-06-20 00:00:00.000	计算机系	13666666666	湖北武汉
114L0203	陈威东	男	1995-11-07 00:00:00.000	商务系	13500000000	上海市
114L0204	陈晓扬	男	1996-01-06 00:00:00.000	商务系	13711111111	广西南宁
114L0205	刘胜美	女	1994-02-03 00:00:00.000	计算机系	13509876788	湖南株洲
114L0206	黄思勤	男	1997-01-08 00:00:00.000	计算机系	13198076549	四川成都

图 3－19　查询结果

例 3－19　在 student 表中查询不在计算机系的学生。

select * from student where not (所在系＝'计算机系')

或

select * from student where 所在系！='计算机系'

查询结果如图 3-20：

学号	姓名	性别	出生日期	所在系	手机号码	家庭地址
114L0203	陈威东	男	1995-11-07 00:00:00.000	商务系	13500000000	上海市
114L0204	陈晓扬	男	1996-01-06 00:00:00.000	商务系	13711111111	广西南宁

图 3-20　查询结果

4. 指定范围运算符

where 子句中可以用 between…and…来限定一个值的范围。

格式如下：

表达式 1 [not] between 表达式 2 and 表达式 3

例 3-20　查询成绩在 75 到 80 分之间的学生学号、课程号和成绩。

select 学号，课程号，成绩 from sc where 成绩 between 75 and 80

或

select 学号，课程号，成绩 from sc where 成绩>=75 and 成绩<=80

查询结果如图 3-21：

学号	课程号	成绩
114L0201	1	80
114L0202	2	78
114L0203	1	76
114L0203	4	77
114L0206	2	80

图 3-21　查询结果

例 3-21　在 student 表中查询不在 1996 年出生的学生的学号和姓名。

select 学号，姓名 from student where 出生日期 not between '1996-01-01' and '1996-12-31'

查询结果如图 3-22：

学号	姓名
114L0202	施瑜娟
114L0203	陈威东
114L0205	刘胜美
114L0206	黄思勤

图 3-22　查询结果

注释：等价语句 select 学号，姓名 from student where year(出生日期)！=1996。

5. 集合成员资格运算符

集合成员资格运算符 in 可以比较表达式的值与值表中的值是否匹配。如果匹配返回 true,否则返回 false。

例 3-22 查询计算机系和商务系学生的姓名和性别。

select 姓名,性别 from student where 所在系 in ('计算机系','商务系')

查询结果如图 3-23:

姓名	性别
刘莹	女
施瑜娟	女
陈威东	男
陈晓扬	男
刘胜美	女
黄思勤	男

图 3-23 查询结果

例 3-23 查询既不是计算机系、也不是商务系的学生的姓名和性别。

select 姓名,性别 from student where 所在系 not in ('计算机系','商务系')

查询结果如图 3-24:

姓名	性别
刘呼兰	女

图 3-24 查询结果

6. 空值运算符

例 3-24 查询缺少成绩的学生的学号和相应的课程号(某些学生选修课程后没有参加考试,即有选课记录,没有考试成绩)。

select 学号,课程号 from sc where 成绩 is null

例 3-25 查询有选修成绩的学生的学号和相应的课程号。

select 学号,课程号 from sc where 成绩 is not null

任务评价

主要测评项目		学生自评			
		A	B	C	D
专业知识	表达式运算符的使用				

续　表

主要测评项目		学生自评			
		A	B	C	D
小组配合	成果交流共享				
小组评价	正确书写表达式				
教师评价	掌握表达式运算符的正确使用				

项目二
查询结果排序

学习目标

- 掌握数据的升序排列。
- 掌握数据的降序排列。

任务 1 排序子句

任务描述

实现升序或降序排列。

任务分析

掌握利用 select 语句实现数据的排序。

任务实施

1. 格式

```
select<列表>[into<新表>]
    from<表或视图>
      [where<条件表达式>]
        [order by 属性名 [asc|desc] [,…n]]
```

2. 说明

排序子句“order by 属性名[asc|desc][,…n]”设置信息输出的排序规则，可以按照一个或多个属性升序(asc)或降序(desc)排列查询结果，默认缺省为升序。当指定 asc 选项时，将最先显示属性列为空值的记录。当指定 desc 选项时将最后显示属性列为空值的记录。除非同时指定 top，否则 order by 子句在视图、内联函数、派生表和子

查询中无效。order by 子句中不能使用 ntext、text 和 image 列。

例 3 - 26 查询选修了 3 号课程的学生的学号及其成绩，查询结果按照分数降序排列。

select 学号，成绩 from sc where 课程号=3 order by 成绩 desc

查询结果如图 3 - 25：

学号	成绩
114L0202	95
114L0201	91
114L0203	75

图 3 - 25 查询结果

例 3 - 27 将 sc 数据表中成绩 80 分以上的信息按学生学号升序，课程号降序排列。

select * from sc where 成绩>80 order by 学号，课程号 desc

查询结果如图 3 - 26：

学号	课程号	成绩
114L0201	5	100
114L0201	4	97
114L0201	3	88
114L0202	4	98
114L0202	3	87
114L0203	5	85
114L0203	2	88

图 3 - 26 查询结果

例 3 - 28 在 sc 表中，查询学号为 114L0201 的同学获得最高成绩的课程号。

select top 1 学号，课程号，成绩 from sc where 学号='114L0201' order by 成绩 desc

查询结果如图 3 - 27：

学号	课程号	成绩
114L0201	5	100

图 3 - 27 查询结果

例 3 - 29 在 sc 表中，找出选修了课程号为 1 的课程，而且课程成绩最高的前两位同学。

select top 2 * from sc where 课程号=1 order by 成绩 desc

查询结果如图 3 - 28：

学号	课程...	成绩
114L0201	1	80
114L0203	1	76

图 3 - 28 查询结果

任务评价

主要测评项目		学生自评			
		A	B	C	D
专业知识	实现升序或降序排列				
小组配合	成果交流共享				
小组评价	正确编写代码实现排序				
教师评价	掌握 order by 的正确使用				

项目三
聚合函数

学习目标

掌握常用聚合函数的使用。

任务1 聚合函数的使用

任务描述

利用聚合函数实现数据的统计等操作。

任务分析

掌握利用聚合函数实现对数据的统计分析。

任务实施

1. 聚合函数

常用的聚合函数包括如下：

- count(*)：统计元组的个数。
- count([distinct/all]数值表达式)：统计一列中值的个数，除非使用 distinct，否则重复元组的个数也计算在内。
- sum([distinct/all]数值表达式)：计算一列值的总和(该列必须是数值型)。
- max([distinct/all]表达式)：求一列值中的最大值。
- min([distinct/all]表达式)：求一列值中的最小值。
- avg([distinct/all]数值表达式)：计算一类值的平均值(该列必须是数值型)。

聚合函数对一组值执行计算，并返回单个值。除了 count 以外，聚合函数都会忽略空值。在 select 子句、having 子句中可以使用聚合函数，在 where 子句中不能使用聚合函数。

2. 举例

例 3-30　统计学生总人数。

select count(*) as rencount from student

查询结果如图 3-29：

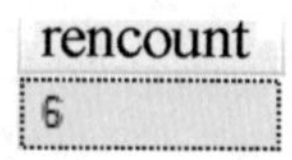

rencount
6

图 3-29　查询结果

例 3-31　查询选修了课程号为 1 的学生的最高分和最低分。

select max(成绩) as 课程最高分，min(成绩) as 课程最低分

from sc where 课程号=1

查询结果如图 3-30：

课程1最高分	课程1最低分
80	56

图 3-30　查询结果

例 3-32　查询选修了 1 号课程的总人数及这门课的平均成绩。

select count(distinct 学号) as 选修课程人数，

avg(成绩) as 平均成绩 from sc where 课程号=1

查询结果如图 3-31：

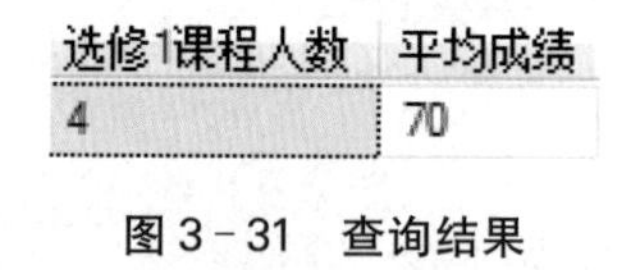

选修1课程人数	平均成绩
4	70

图 3-31　查询结果

例 3-33　查询选修了课程的学生人数。

select count(distinct 学号) as 学生人数 from sc

查询结果如图 3-32：

学生人数
4

图 3-32　查询结果

任务评价

主要测评项目		学生自评			
		A	B	C	D
专业知识	常用聚合函数的使用，例如 count、sum、max、min、avg 等				
小组配合	成果交流共享				
小组评价	正确编写代码实现数据统计				
教师评价	掌握聚合函数的正确使用				

项目四 分组子句

掌握 group by 语句的使用。

任务 1 group by 子句的使用

任务描述

对数据进行分组。

掌握利用 group by 子句对数据进行分组。

任务实施

1. 格式

select 列名表

from 表或视图

[where 条件表达式]

[group by [all] 属性名表]

[having 组条件表达式]

2. 功能

根据分组子句[group by 属性名表]对表中记录行进行分组。使用了 group by 子句后，将为结果集中的每一行产生聚合值。

(1) text、ntext、image 类型的属性列不能用于分组表达式。

(2) select 子句中的列表只能包含在 group by 中指定的列或在聚合函数中指定列。例如：

select 学号,课程号 from sc group by 课程号

会出现“列 sc.学号”在选择列表中无效。因为该列既不包含在聚合函数中,也不包含在 group by 子句中的错误信息。

解决方法有两种：

方法一:将 select 子句中的字段学号删除。

select 课程号 from sc group by 课程号

方法二:在 group by 子句中增加学号字段。

select 学号,课程号 from sc group by 学号,课程号

(3) 如果 select 子句不包含汇总函数,查询结果将按分组字段排序。

例 3-34 从 sc 表中查询被学生选修了的课程。

select 课程号 from sc group by 课程号

查询结果如图 3-33：

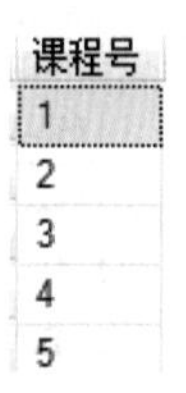

课程号
1
2
3
4
5

图 3-33 查询结果

子句“group by 课程号”不但使查询结果按分组字段排序,而且去除了重复的元组。如果没有分组子句“group by 课程号”,则查询结果不会排序,而且存在重复元组。

“group by 课程号”等价于“select distinct 课程号 from sc order by 课程号 asc”。

(4) select 子句如果包含聚合函数,又有普通字段一定要分组。

例 3-35 查询数据库中各个系的学生人数。

select 所在系,count(*) as 各系学生人数 from student group by 所在系

查询结果如图 3-34：

所在系	各系学生人数
计算机系	4
商务系	2

图 3-34 查询结果

(5) select 语句还包含 where 子句与 all 关键字。

① 包含 where 子句。如果查询语句中在使用 where 子句的同时又进行分组,那么语句的执行顺序是先筛选出满足条件子句的记录集,然后对记录集进行分组。

例 3-36 查询每个学生课程成绩在 88 分以上的课程的平均成绩。

select 学号,avg(成绩) as 平均成绩 from sc where 成绩>88 group by 学号

查询结果如图 3-35:

学号	平均成绩
114L0201	98
114L0202	98

图 3-35 查询结果

② 包含 all 关键字。如果分组子句中使用 all 关键字,则忽略 where 子句指定条件,查询结果包含不满足 where 子句的分组,相应属性列的值用空值填充。

例 3-37 查询每个学生课程成绩在 80 分以上的课程的平均成绩(不满足的成绩以空值代替)。

select 学号,avg(成绩) as 平均成绩 from sc where 成绩>80 group by all 学号

查询结果如图 3-36:

学号	平均成绩
114L0201	90
114L0202	93
114L0203	86
114L0204	null
114L0205	88
114L0206	null
114L0207	null

图 3-36 查询结果

(6) having 短语只能作用于组,用于从中选择满足条件的组。

例 3-38 查询选修课程 4 门及以上并且成绩都在 70 分以上的学生的学号和平均成绩。

select 学号,avg(成绩) as 平均成绩 from sc where 成绩>=70

group by 学号 having count(课程号)>=4

查询结果如图 3-37:

学号	平均成绩
114L0201	87
114L0202	89
114L0203	80

图 3-37 查询结果

任务评价

主要测评项目		学生自评			
		A	B	C	D
专业知识	掌握 group by 语句的使用				
小组配合	成果交流共享				
小组评价	正确编写代码实现数据分组				
教师评价	理解 group by 语句的格式、功能和正确编写代码				

项目五 连接运算

掌握谓词连接、join 连接。

任务 1 谓词连接

对数据进行连接。

任务分析

掌握对数据的连接运算。

任务实施

一个数据库中多张表之间一般都存在某种内在联系，如果一个查询同时涉及两张以上的表，则称之为连接查询。典型的连接条件是指定每张表中要用于连接的列是在一张表中为外键的字段，而在另一张表中则为主键。

1. 条件连接

在 where 子句中使用比较运算符给出连接条件对表进行连接。

- 格式

where　表名 1.　列名 1　比较运算符　表名 2.　列名 2

- 功能

各连接列名的类型必须是可比的。当查询的信息涉及多张数据表时，往往先读取 from 子句中基本表或视图的数据，执行广义笛卡儿积，在广义笛卡儿积中选取满足

where 子句中给出的条件表达式的记录行。当引用一个在多张数据表中均存在的属性时，则要明确指出这个属性的来源表。关系中属性的引用格式为＜关系名＞.＜属性名|*＞。

当比较运算符是“=”时，就是等值连接。

自然连接，即按照两张表中的相同属性进行等值连接，并且目标列中去掉了重复的属性列。

例 3-39 表 student 和表 sc 的广义笛卡儿积。

select student. * ,sc. *

from student,sc

注释：广义笛卡儿积的列相加，行相乘，假设 student 表有 7 列 6 行，sc 表有 3 列 16 行，则执行广义笛卡儿积后列为 7+3=10(列)，行为 6×16=96(行)。

例 3-40 查询所有学生的情况以及他们选修的课程号和成绩。

select student. * ,sc. 课程号,sc. 成绩

from student,sc

where student. 学号=sc. 学号

查询结果如图 3-38：

学号	姓名	性别	出生日期	所在系	手机号码	家庭地址	课程...	成绩
114L0201	刘莹	女	1996-02-23 00:00:00.000	计算机系	13723333333	广东广州	1	80
114L0201	刘莹	女	1996-02-23 00:00:00.000	计算机系	13723333333	广东广州	2	70
114L0201	刘莹	女	1996-02-23 00:00:00.000	计算机系	13723333333	广东广州	3	88
114L0201	刘莹	女	1996-02-23 00:00:00.000	计算机系	13723333333	广东广州	4	97
114L0201	刘莹	女	1996-02-23 00:00:00.000	计算机系	13723333333	广东广州	5	100
114L0202	施瑜娟	女	1995-06-20 00:00:00.000	计算机系	13666666666	湖北武汉	1	56
114L0202	施瑜娟	女	1995-06-20 00:00:00.000	计算机系	13666666666	湖北武汉	2	78
114L0202	施瑜娟	女	1995-06-20 00:00:00.000	计算机系	13666666666	湖北武汉	3	87
114L0202	施瑜娟	女	1995-06-20 00:00:00.000	计算机系	13666666666	湖北武汉	4	98
114L0203	陈威东	男	1995-11-07 00:00:00.000	商务系	13500000000	上海市	1	76
114L0203	陈威东	男	1995-11-07 00:00:00.000	商务系	13500000000	上海市	2	88
114L0203	陈威东	男	1995-11-07 00:00:00.000	商务系	13500000000	上海市	3	65
114L0203	陈威东	男	1995-11-07 00:00:00.000	商务系	13500000000	上海市	4	77
114L0203	陈威东	男	1995-11-07 00:00:00.000	商务系	13500000000	上海市	5	85
114L0206	黄思勤	男	1997-01-08 00:00:00.000	计算机系	13198076549	四川成都	1	70
114L0206	黄思勤	男	1997-01-08 00:00:00.000	计算机系	13198076549	四川成都	2	80

图 3-38 查询结果

注释：根据题意学生的情况是 student 表的信息，选修的课程号和得分是 sc 表的信息，涉及 student，sc 两张表，“from student，sc”为多表查询；“where student. 学号 = sc. 学号”为等值连接学号为 student 表的主键，学号为 sc 的外键；“student. * ，sc. 课程号，sc. 成绩”为显示的目标列，student. * 为 student 表中所有字段；查询结果在 student 表和 sc 表进行广义笛卡儿积的基础上选择满足两张表学号相等(student. 学号 = sc. 学号)的记录行。

例 3-41 查询计算机系学生的学号、姓名、选修的课程号及成绩。

```
select student. 学号,姓名,课程号,成绩
from student,sc
where student. 学号=sc. 学号 and 所在系='计算机系'
```

查询结果如图 3-39:

学号	姓名	课程号	成绩
114L0201	刘莹	1	80
114L0201	刘莹	2	70
114L0201	刘莹	3	88
114L0201	刘莹	4	97
114L0201	刘莹	5	100
114L0202	施瑜娟	1	56
114L0202	施瑜娟	2	78
114L0202	施瑜娟	3	87
114L0202	施瑜娟	4	98
114L0206	黄思勤	1	70
114L0206	黄思勤	2	80

图 3-39 查询结果

注释:"from student,sc"为多表查询;"where student. 学号=sc. 学号"为等值连接学号为 student 表的主键,学号为 sc 的外键;"student. 学号,姓名,课程号,成绩"为显示的目标列,学号和姓名为 student 表,课程号和成绩为 sc 表,"student. 学号"中的 student 不能省略,因为 student 和 sc 表都有学号字段,会显示学号不明确的错误信息;查询结果在 student 表和 sc 表进行广义笛卡儿积的基础上选择满足两张表学号相等(student. 学号=sc. 学号)和所在系='计算机系'的记录行。

例 3-42 查询所有学生的姓名以及他们选修的课程名和成绩。

```
select student. 姓名,course. 课程名,sc. 成绩
from student,course,sc
where student. 学号=sc. 学号 and course. 课程号=sc. 课程号
```

查询结果如图 3-40:

姓名	课程名	成绩
刘莹	数据库	80
刘莹	数学	70
刘莹	信息系统	88
刘莹	操作系统	97
刘莹	数据结构	100
施瑜娟	数据库	56
施瑜娟	数学	78
施瑜娟	信息系统	87
施瑜娟	操作系统	98
陈威东	数据库	76
陈威东	数学	88
陈威东	信息系统	65
陈威东	操作系统	77
陈威东	数据结构	85
黄思勤	数据库	70
黄思勤	数学	80

图 3-40 查询结果

注释：学生的姓名为 student 表的字段，选修的课程名为 course 表的字段，得分为 sc 表的字段，涉及 3 张表；该查询 3 张表进行广义笛卡儿积的基础上选择满足 3 张表（student. 学号 = sc. 学号 and course. 课程号 = sc. 课程号）的记录行。

2. 自身连接（一张表与其自身进行连接）

（1）格式。

select [表名 1 或表名 2]. 列名

from 表 1 as 表名 1，表 1 as 表名 2

where 表名 1. 列名 1 比较运算符 表名 2. 列名 2

（2）功能。

自身连接时，查询涉及同一个关系数据表的两个甚至更多个记录，如何指定关系数据表的每一个出现值。也就是参与连接的两张表都是某一基本表的副表。

例 3－43 检索与“刘胜美”在同一个系的学生。

select s1. 学号，s1. 姓名，s1. 所在系

from student s1，student s2

where s1. 所在系＝s2. 所在系 and s2. 姓名＝'刘胜美'

查询结果如图 3－41：

学号	姓名	所在系
114L0201	刘莹	计算机系
114L0202	施瑜娟	计算机系
114L0205	刘胜美	计算机系
114L0206	黄思勤	计算机系

图 3－41 查询结果

例 3－44 在课程数据表 C 中求每一门课程的间接先行课。如果 Y 是 X 的先行课，Z 是 Y 的先行课程，则 Z 是 X 的间接先行课程。

select first. 课程号，second. 先行课

from course as first，course as second

where first. 先行课＝second. 课程号

查询结果如图 3－42：

课程号	先行课
1	7
3	5

图 3－42 查询结果

任务评价

主要测评项目		学生自评			
		A	B	C	D
专业知识	掌握对数据的连接运算				
小组配合	成果交流共享				
小组评价	正确编写代码实现数据连接				
教师评价	能正确书写代码实现多表查询				

任务 2
join 连接

任务描述

对数据进行 join 连接。

任务分析

掌握对数据的 join 连接运算。

任务实施

1. 内连接

（1） 格式。

select 列名 from 表 1 inner join 表 2 on ＜连接条件＞

（2） 功能。

inner join 内连接按照 on 指定的连接条件合并两张表，只返回满足条件的行，也可用于多张表的连接。只返回符合查询条件或连接条件的行作为结果集，即删除所有不符合限定条件的行。

例 3-45 查询选修 1 号课程且成绩及格的学生姓名和成绩。其中，inner 关键字可省略。

```
select 姓名,成绩
from student join sc
on student.学号=sc.学号--左表是 student,右表是 sc
where 课程号=1 and 成绩>=60
```

或

```
select 姓名,成绩
from student,sc
where student.学号=sc.学号 and 课程号=1 and 成绩>=60
```

查询结果如图 3-43:

姓名	成绩
刘莹	80
陈威东	76
黄思勤	70

图 3-43　查询结果

2. 外连接

外连接不但包含满足条件的行,还包括相应表中的所有行,只能用于两张表的连接。实际上基本表的外连接操作可以分为 3 类(左外连接,右外连接,全外连接)。本书只讲左外连接。

(1) 格式。

```
select 列名 from 表 1 left outer join 表 2 on <连接的条件>
```

(2) 功能。

返回满足条件的行,及左表 R 中所有的行。如果左表的某条记录在右表中没有匹配记录,则在查询结果中右表的所有选择属性列用 null 填充。

例 3-46　检索每个学生的姓名、选修课程和成绩,没有选修的同学也列出。

```
select student.姓名,sc.课程号,sc.成绩
from student left join sc on student.学号=sc.学号
```

读者可以运行该程序查看执行结果。

注释:将左表 student 中所有信息显示出来,不管右表 sc 中有没有记录。

3. 交叉连接

(1) 格式。

```
select 列名 from 表 1 cross join 表 2
```

(2) 功能。

相当于广义笛卡儿积。不能加筛选条件,即不带 where 子句。结果表是第一张

表的每行与第二张表的每行拼接后形成的表，结果表的行数等于两张表行数之积。

例 3－47 列出所有学生所有可能的选课情况。

```
select 学号,姓名,课程号,课程名
from student cross join course
```

主要测评项目		学生自评			
		A	B	C	D
专业知识	内连接				
	外连接				
	交叉连接				
小组配合	成果交流共享				
小组评价	正确编写代码实现对数据进行 join 连接				
教师评价	能正确书写代码实现 join 连接查询				

项目六 子查询

掌握子查询的使用。

任务1 子查询的制约规则

任务描述

子查询使用时的注意事项。

任务分析

子查询的制约规则。

任务实施

子查询(嵌套查询)是一个嵌套在 select、update、insert 或 delete 语句以及其他子查询中的 where 子句或 having 子句的条件中的 select 查询,它使用圆括号括起来。通常使用子查询表示时可以使复杂的查询分解为一系列的逻辑步骤,条理清晰,但它的查询最终结果只能来自于一张表;而使用连接查询时,它的查询结果可以来自于多张表并且执行速度快。子查询的制约规则有如下 6 点:

(1) 子查询中不能使用 union 关键字。

(2) 子查询的选择列表中不允许出现 ntext、text 和 image。

(3) 包括 group by 的子查询不能使用 distinct 关键字。

(4) 只有在子查询中使用 top 关键字,才可以指定 order by 子句。

(5) 由子查询创建的视图不能更新。

(6) 不能在 order by、group by 之后使用子查询。

任务评价

主要测评项目		学生自评			
		A	B	C	D
专业知识	子查询的制约规则				
小组配合	成果交流共享				
小组评价	正确理解子查询				
教师评价	掌握什么叫做子查询				

任务 2 无关子查询(不相关子查询)

任务描述

掌握什么叫做无关子查询,实现无关子查询。

任务分析

无关子查询的使用。

任务实施

无关子查询(不相关子查询)的查询条件不依赖于父查询,由里向外逐层处理。即每个子查询在上一级查询处理之前求解,子查询的结果用于建立其父查询的查找条件。许多包含子查询的 Transact-SQL 语句都可以改为连接表示。

1. 用作查询语句中的列表达式的子查询

子查询用作表达式时不能包括 group by 或 having 字句,引入的子查询必须返回单个值而不是值列表。

例 3-48 查询学生的学号、课程号及对应成绩与所有学生所有课程的最高成绩的百分比。

```
select 学号,课程号,与最高成绩之百分比=成绩 * 100/(select max(成绩) from sc)
from sc
```

查询结果如图 3－44：

学号	课程号	与最高成绩之百分比
114L0201	1	80
114L0201	2	70
114L0201	3	88
114L0201	4	97
114L0201	5	100
114L0202	1	56

……

图 3－44　查询结果

例 3－49　查找学号为 114L0201 的成绩、全部课程的平均成绩，以及每门成绩与全部课程的平均成绩之间的距离。

```
select 学号,成绩,(select avg(成绩)
from sc) as average,
成绩-(select avg(成绩) from sc) as difference
from sc
where 学号='114L0201'
```

查询结果如图 3－45：

学号	成绩	average	difference
114L0201	80	80	0
114L0201	70	80	-10
114L0201	88	80	8
114L0201	97	80	17
114L0201	100	80	20

图 3－45　查询结果

2. 使用比较运算符的子查询

当用户能确切知道内层查询返回的是单值时，在父查询和子查询之间使用比较运算符(>，=，<，>=，<=，<>，！=)进行连接，也可以结合谓词 any 或 all 进行查询。比较运算符之后未接关键字 any 或 all 时引入的子查询不能包括 group by 和 having 子句，引入的子查询必须返回单个值而不是值列表。

例 3－50　查询刘滢同学的学号和所选修的课程号。

方法一：select 子查询。

```
select 学号,课程号 from sc
where 学号=(select 学号 from student
```

where 姓名='刘滢')

注释：查询结果列加一个姓名属性，如"select 学号，课程号，student.姓名 from sc where 学号=(select 学号 from student where 姓名='刘滢')"，执行结果将会报错，显示"无法绑定由多个部分组成的标识符"student.姓名"。

该示例也可以用以下 select 连接查询获得相同的结果集。

方法二：select 连接。

```
select student.学号，课程号
from student join sc on (student.学号=sc.学号)
where 姓名='刘滢'
```

例 3-51 查找所有成绩高于平均成绩的学生的学号。

```
select distinct 学号 from sc
where 成绩>(select avg(成绩) from sc)
```

3. 使用谓词 all 的子查询

谓词 all 指定表达式要与子查询结果集中的每个值都进行比较，当表达式与每个值都满足比较关系时，才返回 true，或者返回 false。

all 确定给定的值是否满足子查询或列表中的所有值。all 引入的子查询语法如下：

where 比较运算符[not] all (子查询)

子查询的结果集的列必须与表达式 1 有相同的数据类型。结果类型为布尔型。

S>all R：当 S 大于子查询 R 中的每一个值，该条件为真 true。

not S>all R：当且仅当 S 不是 R 中的最大值，该条件为真 true。

例 3-52 查询比所有商务系的学生年龄都小的学生。

```
select * from student
where 出生日期>all(select 出生日期
from student
where 所在系='商务系')
```

查询结果如图 3-46：

学号	姓名	性别	出生日期	所在系	手机号码	家庭地址
114L0201	刘滢	女	1996-02-23 00:00:00.000	计算机系	13723333333	广东广州
114L0206	黄思勤	男	1997-01-08 00:00:00.000	计算机系	13198076549	四川成都

图 3-46 查询结果

例 3-53 检索不选修 3 号课程的学生姓名与年龄。

```
select 姓名,year(getdate())-year(出生日期) as 年龄 from student
where 学号<>all(select 学号 from sc where 课程号=3)
```

查询结果如图 3-47：

姓名	年龄
陈晓扬	22
刘胜美	24
黄思勤	21
刘呼兰	22

图 3-47 查询结果

4. 使用谓词 any 的子查询

any 确定给定的值是否满足子查询或列表中的部分值。

where 比较运算符[not] any (子查询)的语法如下：

S>any R：当且仅当 S 至少大于子查询 R 中的一个值，该条件为真 true。

not S>any R：当且仅当 S 是子查询 R 中的最小值，该条件为真 true。

谓词 some 或 any 表示表达式只要与子查询结果集中的某个值满足比较关系时，就返回 true，否则返回 false。

例 3-54 查询比其他系中比商务系某一学生年龄小的学生姓名和年龄。

```
select 姓名，出生日期
From student
where 出生日期>any(select 出生日期 from student where 所在系='商务系')
```

5. 使用谓词 in 的子查询

in 确定给定的值是否与子查询或列表中的值相匹配。

语法如下：

where 表达式[not]in (子查询|表达式 1[,…n])

S in R：当且仅当 S 等于 R 中的一个值，该条件为真 true。

S not in R：当且仅当 S 不属于 R 中的一个值，该条件为真 true。

例 3-55 查询选修了数据库课程成绩在 80 分以上的学生的学号和成绩。

```
select 学号，成绩 from sc
    where 课程号 in
    (select 课程号 from course
  where 课程名='数据库') and 成绩>=80
```

查询结果如图 3-48：

学号	成绩
114L0201	80

图 3-48 查询结果

可用多表等值连接：

select 学号，成绩 from sc，course where course.课程号＝sc.课程号 and 课程名＝'数据库' and 成绩>=80

例 3－56 查询选修了课程 2 号和 4 号的学生的学号和姓名。

```
select student.学号，student.姓名 from student，sc
    where student.学号＝sc.学号
    and 课程号＝2 and student.学号 in
      (select 学号 from sc where 课程号＝4)
```

查询结果如图 3－49：

学号	姓名
114L0201	刘莹
114L0202	施瑜娟
114L0203	陈威东

图 3－49　查询结果

例 3－57 查询选修了课程 2 号但没有选修课程 4 号的学生的学号和姓名。

```
select student.学号，student.姓名 from student，sc
where student.学号＝sc.学号 and 课程号＝2 and
student.学号 not in
(select 学号 from sc where 课程号＝4)
```

例 3－58 查询没有选修 1 号课程的学生姓名。

```
select 学号，姓名 from student where 学号
not in(select 学号 from sc where 课程号＝1)
```

任务评价

主要测评项目		学生自评			
		A	B	C	D
专业知识	无关子查询				
小组配合	成果交流共享				
小组评价	能正确理解无关子查询				
教师评价	能正确编写代码实现无关子查询				

任务 3
相关子查询

任务描述

掌握什么叫做相关子查询，实现相关子查询。

任务分析

实现相关子查询语句的使用。

任务实施

相关子查询：内层子查询中子查询条件依赖于外层父查询中某个属性值的嵌套查询。

处理过程：首先取外层查询中表的第一个元组，根据它与内层查询相关的属性值处理内层查询，若 where 子句返回值为真(即内层查询结果非空)，则取此元组放入结果表，然后再取外层表的下一个元组，重复这一过程，直至外层表全部检查完毕。本书主要介绍 exists 谓词。

exists 谓词用于测试子查询的结果是否为空表，带有 exists 的子查询不返回任何实际数据，它只产生逻辑值 true 或 false，若内层查询结果为非空，则外层的 where 子句返回真值，否则返回假值。exists 还可以与 not 结合使用。使用 exists 的语法格式如下：

where [not] exists (子查询)

按规定，通过 exists 引入的子查询的选择列表由 * 组成，不使用单个列名。

例 3-59 查询所有选修了 3 号课程的学生姓名。

```
select 姓名 from student
    where exists
      (select * from sc where 学号=student.学号 and 课程号=3)
```

查询结果如图 3-50：

姓名
施瑜娟
刘莹
陈威东

图 3-50 查询结果

例 3-60 查询没有选修 1 号课程的学生姓名及性别。

```
select 姓名,性别 from student
    where not exists
      (select * from sc where 学号=student.学号 and 课程号=1)
```

任务评价

主要测评项目		学生自评			
		A	B	C	D
专业知识	相关子查询				
小组配合	成果交流共享				
小组评价	正确理解相关子查询				
	能正确理解无关子查询和相关子查询的联系和区别				
教师评价	能正确编写代码实现相关子查询				

任务 4
子查询的多层嵌套

任务描述

子查询的多层嵌套的使用。

任务分析

掌握子查询的多层嵌套的使用。

任务实施

一个子查询可以包含一个或多个子查询。一个语句中可以嵌套任意数量的子查询,执行时从里向外逐层处理。

例 3-61 查询选修“数据库”课程的学生的学号和姓名。

select 学号,姓名 from student where 学号 in (select 学号 from sc where 课程号 in(select 课程号 from course where 课程名='数据库'))

查询结果如图 3-51:

学号	姓名
114L0201	刘莹
114L0202	施瑜娟
114L0203	陈威东
114L0206	黄思勤

图 3-51 查询结果

注释:课程名来自 course 表,学生的学号和姓名来自 student 表,course 和 student 表无直接联系,必须通过 sc 表进行桥接。同时该查询可以用多表等值连接代替。

例 3-62 查询学习全部课程的学生姓名(即没有一门课他没有选修)。

```
select 姓名 from student
where not exists
    (select * from course
        Where not exists
            (select * from sc
                Where sc.学号=student.学号 and sc.课程号=course.课程号))
```

任务评价

主要测评项目		学生自评			
		A	B	C	D
专业知识	子查询的多层嵌套的使用				
小组配合	成果交流共享				
小组评价	能正确编写代码实现子查询的多层嵌套				
教师评价	能够正确的编写代码实现子查询的多层嵌套				

任务 5 update、insert 和 delete 语句中的子查询

任务描述

update、insert 和 delete 语句中的子查询。

任务分析

掌握 update、insert 和 delete 语句中的子查询的使用。

任务实施

子查询可以嵌套在 update、insert 和 delete 语句中。

例 3-63 把目前还没有选修课程的学生自动增加选修“1”号课程的记录，插入学生选课表 sc。

```
insert into sc(学号,课程号)
select 学号,课程号=1 from student
where 学号 not in (select distinct 学号 from sc)
```

例 3-64 删除“刘滢”的所有选修记录。

```
delete sc where 学号 in
(select 学号 from student where 姓名='刘滢')
```

下面是使用连接的等效 delete 语句：

```
delete sc from sc inner join student on student.学号=sc.学号 and 姓名=
'刘滢'
```

例 3-65 把“1”号课程中小于该课程平均成绩的记录从学生选课数据表 sc 中删除。

```
delete from sc where 课程号=1
and 成绩<(select avg(成绩) from sc where 课程号=1)
```

例 3-66 刘滢的成绩加 5 分。该查询更新学生选课数据表 sc，其子查询引用学生表 student。

```
update sc
set 成绩=成绩+5
where 学号 in
```

(select 学号 from student where 姓名='刘滢')

下面是使用连接的等效 update 语句：

update sc

set 成绩=成绩+5

from sc inner join student on student.学号=sc.学号 and 姓名='刘滢'

例 3-67 当 1 号课程的成绩低于该门课程平均成绩时，将 1 号课程的成绩提高 10%。

update sc

set 成绩=成绩 * 1.1

where 课程号=1 and 成绩<(select avg(成绩) from sc where 课程号=1)

例 3-68 将学生选课数据表 sc 中的最高成绩减去 10 分。

update sc

set 成绩=成绩-10

where sc.成绩=(select max(成绩) from sc)

任务评价

主要测评项目		学生自评			
		A	B	C	D
专业知识	update、insert 和 delete 语句中的子查询				
小组配合	组内互帮互助				
小组评价	掌握 update、insert 和 delete 语句中子查询的使用				
教师评价	掌握 update、insert 和 delete 语句中子查询的使用				

项目七
合并查询结果

查询结果的合并。

任务1 查询结果合并

任务描述

合并语句的书写格式。

任务分析

掌握合并语句的书写。

任务实施

select 查询语句 1
  union [all]
select 查询语句 2[…n]

功能:当两个查询结果的结构一致时可将两个查询进行并(union)操作。要求查询属性列的数目和顺序都必须相同,对应属性列的数据类型兼容。如果合并后的结果集中存在重复记录,则在合并时默认只显示1条记录,可使用 all 关键字包含重复记录。

例 3-69 查询成绩表中课程号为1的学生学号及课程成绩大于70分的学生学号。

select * from sc where 课程号=1
union

```
select * from sc where 成绩>70
```
等价于：
```
select distinct * from sc where (课程号=1 or 成绩>70)
```
例 3-70 查询选修了课程 1 或 2 的学生的学号、姓名，不包含重复的记录行。
```
(select student.学号,student.姓名 from student,sc
where student.学号=sc.学号 and 课程号=1)
union
(select student.学号,student.姓名 from student,sc
where student.学号=sc.学号 and 课程号=2)
```
等价于：
```
select distinct student.学号,student.姓名 from student,sc
where student.学号=sc.学号 and (课程号=1 or 课程号=2)
```
例 3-71 查询选修了课程号 1 或 2 的学生的学号、姓名，包含重复记录行。
```
(select student.学号,student.姓名 from student,sc
where student.学号=sc.学号 and 课程号=1)
union all
(select student.学号,student.姓名 from student,sc
where student.学号=sc.学号 and 课程号=2)
```
例 3-72 查询选修了课程号 1、2、3 的学生的学号、姓名，不包含重复记录行。
```
(select student.学号,student.姓名 from student,sc
where student.学号=sc.学号 and 课程号=1)
union
(select student.学号,student.姓名 from student,sc
where student.学号=sc.学号 and 课程号=2)
union
(select student.学号,student.姓名 from student,sc
where student.学号=sc.学号 and 课程号=3)
```

任务评价

主要测评项目		学生自评			
		A	B	C	D
专业知识	查询结果的合并				
小组配合	组内互帮互助				

续 表

主要测评项目		学生自评			
		A	B	C	D
小组评价	掌握 union[all]的使用				
教师评价	正确编写代码实现查询结果的合并				

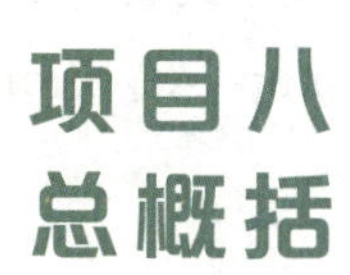

项目八 总概括

学习目标

进一步掌握查询语句的使用。

任务 1 总结查询语句

任务描述

掌握查询语句的语法结构、功能、语句执行过程。

任务分析

正确书写查询语句。

任务实施

语法结构：

select＜属性列表＞--它可以是星号（*）、表达式、列表、变量等。

[into 新表]--用查询结果集合创建一个新表。

from＜表或视图）

　　[where 条件表达式]

　　[group by 属性名表]

　　　　[having 组条件表达式]

　　[order by 属性名[asc|desc]…]

功能：

select 子句用于指出查询结果集合中的列数和属性；from 子句指出所查询的表名

以及各表之间的逻辑关系；where子句：指出查询条件，它说明将表中的哪些数据行返回到结果集合中；order by子句：说明查询结果行的排列顺序；group by、having子句查询结果集合中各行的统计方法。

语句执行过程：

(1) 读取from子句中的基本表、视图，执行广义笛卡儿积操作。

(2) 选取满足where子句中给出的条件表达式的元组。

(3) 按group by子句中指定列的值分组，同时提取满足having子句中组条件表达式的那些组。

(4) 按select子句中给出的列名或列表达式求值输出。

(5) order by子句对输出的目标表进行排序，按附加说明asc升序排列，或按desc降序排列。

例3-73 查询至少选修“刘”的老师所授课程中一门课程的女同学姓名。

```
select 姓名 from student
  where 性别='女' and 学号 in
    (select 学号 from sc
      where 课程号 in
        (select 课程号 from course where 教师 like '刘%'))
```

注释：student表与course表无直接联系，通过中间表sc。

例3-74 把选修“数据结构”课不及格的成绩全改为空值。

```
update sc
  set 成绩=null
    where 学号 in
      (select 学号 from sc,course
        where 课程名='数据结构' and course.课程号=sc.课程号) and sc.成绩<60
```

例3-75 把低于总平均成绩的男同学成绩提高15%。

```
update sc
  set 成绩=成绩 * 1.15
    where 成绩<(select avg(成绩) from sc)
  and 学号 in (select 学号 from student where 性别='男')
```

例3-76 查询学习课程号为2的学生的学号与姓名。

```
select student.学号,姓名 from student,sc where student.学号=sc.学号 and 课程号=2
```

例3-77 查询选修课程名为“操作系统”的学生的学号和姓名。

select student.学号,姓名
  from student,sc,course
where student.学号=sc. 学号 and sc.课程号=course.课程号 and 课程名='操作系统'

例 3-78　查询至少选修课程号为 2 和 4 的学生学号。

select 学号 from sc
  where 课程号=2 and 学号 in
    (select 学号 from sc
      where 课程号=4)

例 3-79　在学生选课数据 sc 中查询男同学选修的课程号。

select distinct 课程号
  from student,sc
    where student.学号=sc.学号 and 性别='男'

例 3-80　在学生基本信息表 student 中查询 20～22 岁的学生姓名。

select 姓名 from student
where (year(getdate())-year(出生日期))>=20 and (year(getdate())-year(出生日期))<=22

例 3-81　查找每个学生的学号及选修课程的平均成绩情况,按学号排序。

select 学号,avg(sc.成绩) as 平均成绩
from sc
group by 学号

例 3-82　列出每个学生的学号及选修课程的平均成绩情况,没有选修的学生也列出。

select student.学号,avg(sc.成绩) as 平均成绩
  from student left join sc on sc.学号=student.学号
    group by student.学号

例 3-83　查询至少选修 3 门课程的学生学号。

select 学号
  from sc
    group by 学号 having count(课程号)>=3

例 3-84　检索年龄大于女同学平均年龄的男同学姓名和年龄。

select 姓名,year(getdate())-year(出生日期) as 年龄 from student as a
where a.性别='男' and year(getdate())-year(出生日期)>(select avg(year(getdate())-year(出生日期)) from student as b where b.性别='女')

任务评价

主要测评项目		学生自评			
		A	B	C	D
专业知识	进一步掌握 select 语句的使用				
小组配合	组内互帮互助				
小组评价	掌握 select 语句的使用				
教师评价	正确编写代码实现查询				

习题 3

一、选择题

1. 语句“select name,姓名,出生日期 from abc”返回(　　)列。

(A) 1　　(B) 2　　(C) 3　　(D) 4

2. 语句“select count(＊) from xs”返回(　　)行。

(A) 1　　(B) 2　　(C) 3　　(D) 4

3. 一个查询的结果成为另一个查询的条件,这种查询称为(　　)。

(A) 连接查询　　(B) 内查询　　(C) 自查询　　(D) 子查询

4. select 语句中,下列(　　)子句用于对数据按照某个字段分组?(　　)子句用于对分组统计进一步设置条件。

(A) having　　(B) group by　　(C) order by　　(D) where

5. select 语句中,下列(　　)子句将查询结果存储在一个新表中。

(A) select　　(B) into　　(C) from　　(D) where

6. select 语句中,下列(　　)子句用于指出所查询的数据表名。

(A) select　　(B) into　　(C) from　　(D) where

7. select 语句中,下列(　　)子句用于对搜索的结果进行排序。

(A) having　　(B) group by　　(C) order by　　(D) where

8. select 语句中,想要返回的结果集中不包括相同的行,应使用关键字(　　)。

(A) top　　(B) as　　(C) distinct　　(D) join

9. SQL 中,谓词操作“exists R(集合)”与下列(　　)等价。

(A) 当且仅当 R 空时,该条件为真

(B) <>some

(C) 当且仅当 R 非空时,该条件为真

(D) =some

10. 与“where age between 18 and 23”完全等价的是(　　)。

(A) where age>18 and age<23

(B) where age>=18 and age<23

(C) where age>18 and age<=23

(D) where age>=18 and age<=23

二、简答题

1. 举例说明什么是内连接、外连接和交叉连接。
2. 举例说明连接查询和子查询的区别和联系。
3. 举例说明使用 where 和 having 的区别。

实训 3

SQL Server 2012 基本查询

一、实训目的

1. 掌握 select 语句的基本方法。
2. 掌握从表中查询特定行的方法。
3. 掌握从表中查询前 n 行的方法。
4. 掌握从查询结果中去掉重复行的方法。
5. 掌握使用列的别名的方法。
6. 掌握表中查询特定列的方法。
7. 掌握查询结果排序的方法。
8. 掌握分组的使用。
9. 子查询的正确使用。
10. select 与 delete、update、insert 语句结合使用。

二、实训要求

1. 应用 select 语句对数据库 st 中数据进行指定条件的查询。
2. 保存实训结果到文本文档。

三、实训步骤

单表题目如下:

1. 检索所有计算机系学生的信息。
2. 检索所教的课程号、课程名。

3. 检索年龄大于18岁的女同学的学号和姓名。
4. 检索学号为114L0201所选修的全部课程成绩。
5. 检索平均成绩都在85分以上的学生学号及平均成绩。
6. 检索至少有4人选修的课程号。
7. 检索2号课程得最高分的学生的学号。
8. 检索每个学生的年龄。
9. 在student中检索学生的姓名和出生年份,输出的列名为S_name和B_year。
10. 向学生选课数据表sc中插入一个元组(114L0205,6,90)。
11. 求选修了各课程的学生的人数。
12. 在学生选课数据表sc中,求选修课程1的学生的学号和得分,并将结果按分数降序排序。
13. 检索每个同学的学号及选修课程的平均成绩情况。
14. 如果学号为114L0201的学生的成绩少于90,则加上10分。
15. 将成绩最低的学生的成绩加上10分。
16. 将前2名成绩最高的学生的成绩减去10分。
17. 将前15%成绩最低的学生的成绩减去5分。
18. 查询学生基本信息表student中不姓"陈"的学生记录。
19. 查询统计被学生选修的课程门数。
20. 查询统计每门课程的学生选修人数(超过8人的课程才统计)。要求输出课程号和选修人数,查询结果按人数降序排列,若人数相等,按课程号升序排列。

多表题目如下:

21. 查询学号为"114L0201"的学生选修的课程号和课程名。
22. "黄思勤"所选修的全部课程名称。
23. 所有成绩都在70分以上的学生姓名及所在系。
24. 数据库成绩比数据结构成绩好的学生。
25. 至少选修了两门课及以上的学生的姓名和性别。
26. 选修了李老师所讲课程的学生人数。
27. "数据库"课程得最高分的学生的姓名、性别、所在系。
28. 查询所有课程的选修情况。
29. 查询没有选修"数据库"课程的学生姓名和年龄。
30. 没有选修陈老师所讲课程的学生。
31. 取出选修了全部课程的学生姓名,性别。
32. 查询至少选修课程"数据结构"和"数据库"的学生学号。
33. 查询学习课程号为2的学生学号与姓名。
34. 查询选修课程号为1或2的学生学号,姓名和所在系。

35. 查询至少选修课程号为 1 和 3 的学生姓名。

36. 把课程名为 c# 的成绩从学生选课数据表 sc 中删除。

37. 把女同学的成绩提高 15%。

38. 查询选修课程超过 4 门的学生姓名及选修门数。

39. 查询学生所有可能的选课情况。

40. 查询每个同学的学号、姓名及选修课程的平均成绩情况,没有选修的同学也列出。

41. 查询每个同学的学号及选修课程号,没有选修的同学也列出。

42. 查询至少有两名女生选修的课程名。

43. 查询和“陈威东”同性别并同系的同学的姓名。

44. 查询选修 4 课程的学生的平均年龄。

45. 查询刘老师所授课程的每门课程的学生平均成绩。

46. 查询学生 114L0201 选修课程的总学分数。

模块四
索引和视图管理

本模块首先介绍索引和视图管理，SQL Server 2012 中索引的概念和类型，索引分类，使用 SSMS 创建、查看和删除索引，使用 T－SQL 创建、查看和删除索引。其次介绍视图的概念，使用 SSMS 管理视图，使用 T－SQL 管理视图。最后介绍通过利用视图对数据有限制的实现查询、插入、删除和修改。

项目一 索引的概念

SQL Server 2012 中索引的概念和类型。

任务 1 索引简介

介绍索引。

任务分析

索引简介。

任务实施

索引的作用是提高查询速度。汉语字(词)典一般都有按照拼音、笔画和偏旁部首等排序的目录。索引和目录一样。

通常情况下,只有当经常查询索引列的数据时,才需要在表中创建索引。索引将占用磁盘空间,并且降低添加、删除和更新行的速度。不过在多数情况下,索引所带来的数据检索速度的优势大大超过它的不足之处。然而,如果应用程序非常频繁地更新数据,或者磁盘空间有限,那么最好限制索引的数量。一张表的存储是由两部分组成的,一部分用来存放表的数据页面,另一部分存放索引页面,索引就放在索引页面上。

任务评价

主要测评项目		学生自评			
		A	B	C	D
专业知识	索引的简介				
小组配合	讨论索引的作用				
小组评价	了解索引的作用				
教师评价	掌握索引的简介				

任务 2 索引类型

任务描述

索引分类。

任务分析

掌握索引的类型。

任务实施

在 SQL Server 2012 的数据库中,按照存储结构的不同索引主要分为两大类:聚集索引和非聚集索引。可在数据库设计时主要创建 3 种类型的索引:聚集索引、唯一索引和主键索引。其他的索引本书不介绍,可参看微软官方网站。

1. 聚集索引

对表的物理数据页中的数据按列进行排序,然后再重新存储到磁盘上,即聚集索引与数据是混为一体的。表的所有数据完全重新排列。一张表只能有一个聚集索引。聚集索引按 B 树索引结构实现,B 树索引结构支持基于聚集索引键值对行进行快速检索。

2. 非聚集索引

非聚集索引具有和表的数据完全分离的结构,使用非聚集索引不用将物理数据页中的数据按列排序,而是存储索引行,每个索引行均包含非聚集索引键值和一个或多个指向包含在值的数据行的行定位器。由于非聚集索引使用索引页存储，因此它比聚集索引需要更多的存储空间，且检索效率较低。

3. 唯一索引

唯一索引不允许两行有相同的索引值，即该索引列不能有相同值。

4. 主键索引

在 SQL Server 2012 中，为表定义一个主键将自动创建主键索引。主键索引为聚集索引，同时也是唯一索引的特殊类型。

任务评价

主要测评项目		学生自评			
		A	B	C	D
专业知识	索引的分类				
小组配合	讨论索引的分类				
小组评价	索引的各种类型及特点				
教师评价	掌握各种索引的特点				

项目二
使用 SSMS 管理索引

使用 SSMS 创建、查看和删除索引。

任务 1
索引简介

使用 SSMS 创建索引。

任务分析

使用 SSMS 创建索引。

例 4-1 使用 SSMS 在 student 表创建基于姓名的索引。

(1) 启动 SQL Server Management Studio，在“对象资源管理器”中依次展开“数据库”节点、“st”数据库节点和 student 表节点。

(2) 右键单击“索引”，在弹出的快捷菜单中，选择“新建索引”命令，然后选择“非聚集索引”。

(3) 打开“新建索引”对话框，输入索引的名字(本例为 idx_name)，指定索引类型等信息。如图 4-1 所示。

(4) 单击“添加”按钮，打开“选择列”对话框选择需要创建索引的列。

(5) 设置好索引的属性后，单击“确定”。

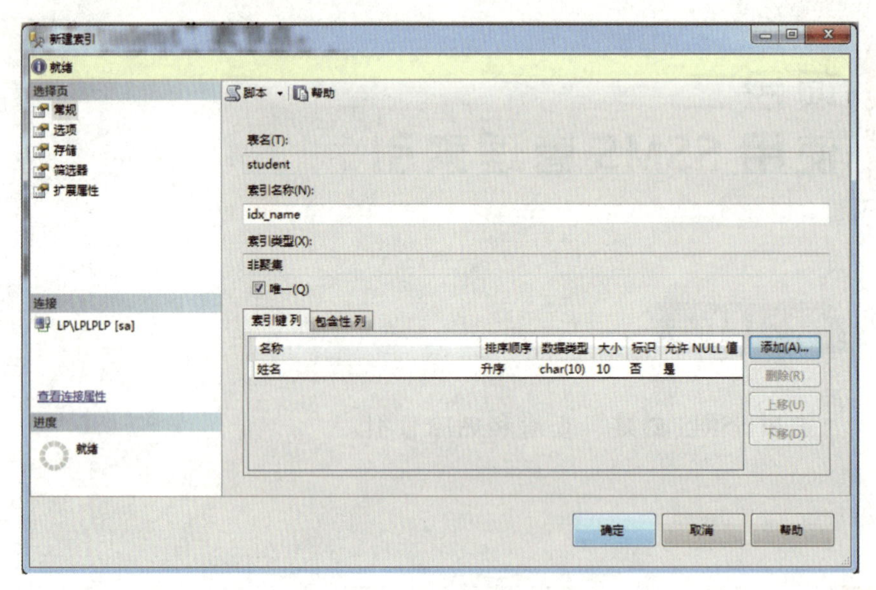

图 4－1 “新建索引”对话框

任务评价

主要测评项目		学生自评			
		A	B	C	D
专业知识	使用 SSMS 创建索引				
小组配合	成果交流共享				
小组评价	使用 SSMS 创建索引				
教师评价	掌握使用 SSMS 创建索引				

任务 2 查看、重命名和删除索引

任务描述

使用 SSMS 查看、重命名和删除索引。

任务分析

使用 SSMS 查看、重命名和删除索引。

任务实施

例 4－2 使用 SSMS 查看、重命名和删除索引 idx_name。

（1）启动 SQL Server Management Studio，在“对象资源管理器”中依次展开“数据库”节点、“st”数据库节点、student 表节点和“索引”节点。

（2）右键单击“idx_name”，在弹出式菜单中可以选择“重命名”、“删除”或“属性”命令，分别对索引进行“重命名”和“删除”，或者查看“属性”。如图 4－2 所示。

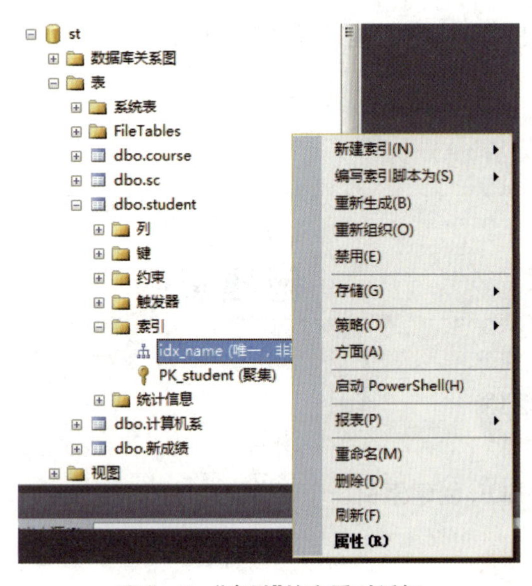

图 4－2 “索引”的查看对话框

任务评价

主要测评项目		学生自评			
		A	B	C	D
专业知识	使用 SSMS 查看、重命名和删除索引				
小组配合	成果交流共享				
小组评价	能够利用 SSMS 查看、重命名和删除索引				
教师评价	掌握使用 SSMS 查看、重命名和删除索引				

使用 T-SQL 创建、查看和删除索引。

任务 1 创建索引

任务描述

使用 T-SQL 创建索引。

任务分析

使用 T-SQL 创建索引。

任务实施

使用 T-SQL 语句 create index 命令建立索引，格式如下：

```
create[unique] [clustered|nonclustered]
index 索引名
on {表|视图}(列[asc,desc] [,…n])
```

注释：

(1) unique:表示创建一个唯一索引。

(2) clustered:指明创建的索引为聚集索引。

(3) nonclustered:指明创建的索引为非聚集索引。

(4) asc,desc:指定特定的索引列的排序方式,默认为 asc。

例 4-3 为数据库 st 中的数据表关于 sc 成绩降序建立非聚集索引 in_成绩。

```
if exists(select name from sysindexes where name='in_成绩')
  drop index sc. in_成绩
go
use st
go
create index in_成绩 on sc(成绩 desc)
```

例 4-4 为 course 表创建非聚集索引 IX_teacher,索引基于"教师"和"课程名",成为组合索引。

```
create index IX_teacher on course(教师,课程名)
```

任务评价

主要测评项目		学生自评			
		A	B	C	D
专业知识	使用 T-SQL 创建索引				
小组配合	成果交流共享				
小组评价	能够使用 T-SQL 创建索引				
教师评价	正确利用 create index 创建索引				

任务 2
查看、删除和重命名索引

任务描述

使用 T-SQL 查看、删除和重命名索引。

任务分析

使用 T-SQL 查看、删除和重命名索引。

任务实施

例 4-5 利用系统存储过程 sp_helpindex 可以返回表的所有信息。

```
sp_helpindex course
```

例 4-6 使用 T-SQL 语句 drop index 命令可以删除一个或多个当前数据库的索引。删除 course 表的 IX_teacher 索引。

```
drop index IX_teacher on course
```

例 4-7 将索引 IX_teacher 改名为 IX_course。

```
sp_rename 'course.IX_teacher','IX_course'
```

任务评价

主要测评项目		学生自评			
		A	B	C	D
专业知识	使用 T-SQL 查看、删除和重命名索引				
小组配合	成果交流共享				
小组评价	能够使用 T-SQL 查看、删除和重命名索引				
教师评价	正确使用 T-SQL 查看、删除和重命名索引				

项目四
视图的概念

掌握视图的概念。

任务1
视图的概念

任务描述

视图的概念。

掌握视图的概念。

任务实施

视图不是真实存在的基础表，而是一张虚表，通过视图看到的数据只是存放在基本表中的数据，对视图的操作与对表的操作一样，可以对其进行查询、修改(有一定的限制)和删除。视图和查询是不同的，视图可以更新表的内容，把更新结果送回到源表中，而查询则不行。视图有4个作用：

1. 视图能够简化用户的操作

视图机制使用户可以将精力集中在所关系的数据上，如果这些数据不是直接来自基本表，则可以通过定义视图，使数据库看起来结构清晰、简单，并可简化用户的数据查询操作。

2. 视图可以使用户能以多角度看待同一数据

视图机制能使不同的用户以不同方式看待同一数据，当许多不同类的用户共享同一数据库时，这种灵活性是非常重要的。

3. 视图对重构数据库提供了一定程度的逻辑独立性

数据的逻辑独立性是指当数据库重构时，如增加新的关系或原有关系增加字段时，用户和用户程序不受影响。

4. 视图能够对机密数据提供安全保护

例如 student 表涉及 3 个系的学生数据，可以在其上定义 3 个视图，每个视图只包含一个系的学生数据，并只允许每个系的系主任查询自己系的学生视图。

主要测评项目		学生自评			
		A	B	C	D
专业知识	视图的概念和作用				
小组配合	组内讨论视图的作用				
小组评价	理解视图的作用				
教师评价	理解视图的作用				

项目五
使用 SSMS 管理视图

学习目标

使用 SSMS 管理视图。

任务 1
创建视图

任务描述

创建视图。

任务分析

掌握使用 SSMS 创建视图。

任务实施

例 4-8 创建一个视图 studentview，用于显示计算机系所有学生的学号和姓名。

操作步骤如下：

(1) 在 SSMS 的“对象资源管理器”窗口中，展开数据库 st 的视图结点，可以看到数据库 st 中已存在的视图，“系统视图”提供数据库信息的摘要报告。如图 4-3 所示。

(2) 右击“视图”结点，从弹出菜单中选择“新建视图”命令，弹出“添加表”对话框，如图 4-4 所示。

(3) 在视图 studentview 中包含了学生表 student 中的数据，把这张表添加进来。

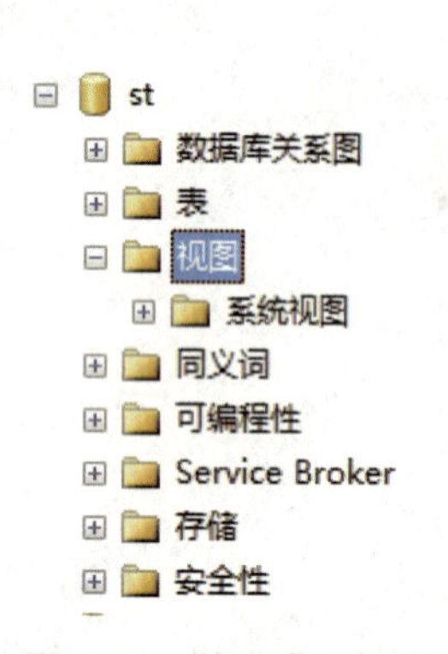

图 4-3 “视图”结点对话框

图 4-4 “添加表”对话框

(4) 使用所提供的“视图”窗口来选择用于视图的列。由于在视图 studentview 中要显示“学号”和“姓名”，所以要选中这两个字段。在中间的窗格中会显示视图所包含的列。在下面的窗格中会自动创建视图的 select 语句。根据需要对 select 语句做一些修改，完整 select 语句如下：

```
select    姓名，学号
from      dbo. student
where     (所在系='计算机系')
```

如图 4-5 所示。

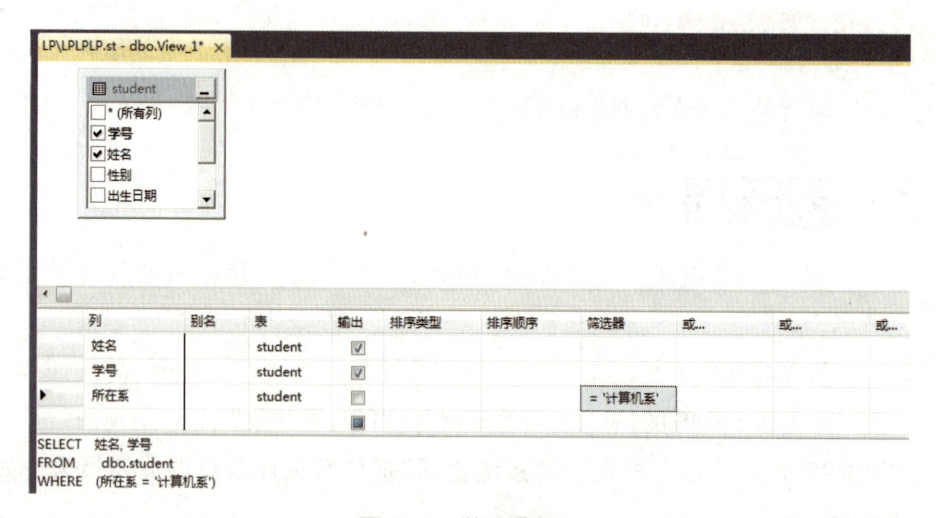

图 4-5 “视图”窗口

(5) 选择工具栏上的“验证 SQL 语法”来检查 SQL 语法，修正在验证过程期间报告的错误和问题。

(6) 选择“执行 SQL”按钮运行视图。

（7）保存视图，在工具栏选择“保存”按钮，将名称设为 studentview。如图 4-6 所示。

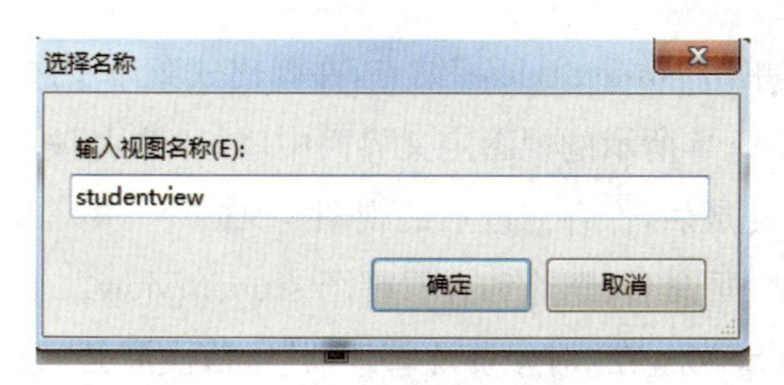

图 4-6 “选择名称”对话框

这时在图 4-6 中可以看到视图 studentview。

任务评价

主要测评项目		学生自评			
		A	B	C	D
专业知识	使用 SSMS 创建视图				
小组配合	成果交流共享				
小组评价	掌握使用 SSMS 创建视图				
教师评价	掌握使用 SSMS 创建视图				

任务 2
修改、重命名、删除和查看视图

任务描述

修改、重命名、删除和查看视图。

任务分析

掌握使用 SSMS 修改、重命名、删除和查看视图。

任务实施

例 4-9 修改视图 studentview，用于显示计算机系所有学生的学号、姓名和性别。

(1) 启动 SSMS,在“对象资源管理器”中依次展开“数据库”结点、“st”数据库结点和“视图”结点。

(2) 右键单击“studentview”结点,在弹出式菜单中选择“设计”命令。

(3) 在图 4-5 所示的视图定义界面中增加“性别”列,完成视图的修改。

(4) 修改完成后,保存修改后的视图定义。

例 4-10 重命名、删除和查看视图 studentview。

(1) 启动 SSMS,在“对象资源管理器”中依次展开“数据库”结点、“st”数据库结点和“视图”结点。

(2) 右键单击“studentview”结点,在弹出式菜单中选择“重命名”、“删除”和“查看”命令。

注释:在“删除”之前可以单击“显示依赖关系”按钮了解视图与其他对象的关系。既可以了解依赖该视图的对象,也可以了解该视图所依赖的对象。了解视图的依赖关系有助于视图的维护和管理。

主要测评项目		学生自评			
		A	B	C	D
专业知识	掌握使用 SSMS 修改、重命名、删除和查看视图				
小组配合	成果交流共享				
小组评价	掌握使用 SSMS 修改、重命名、删除和查看视图				
教师评价	掌握使用 SSMS 修改、重命名、删除和查看视图				

项目六
使用 T-SQL 管理视图

学习目标

使用 T-SQL 管理视图。

任务 1 创建视图

任务描述

创建视图。

任务分析

掌握使用 T-SQL 创建视图。

任务实施

使用 T-SQL 命令 create view 可以创建视图，格式如下：

```
create view 视图名[(列名[,…n])]
[with<视图属性>]
as
查询语句
[with check option]
```

注释：

(1) 视图属性包括 encryption(文本加密)等。

(2) 查询语句可以是任意复杂的 select 语句。如果 create view 语句仅定义了视图名，省略了组成视图的各个列名，则隐含该视图由子查询 select 子句目标列的诸字段组成。但在下列情况下必须指明视图的所有列名。

- 其中某个目标列不是单纯的列名，而是列表达式或聚合函数；
- 多表连接时，选出了几个同名的列作为视图的字段；
- 需要在视图中为某个列启用新的名字。

（3）with check option 表示对视图进行 update、insert 和 delete 操作时要保证更新、插入或删除的行满足视图定义的谓词条件（子查询中的条件表达式）。通过视图修改数据行时，with check option 可确保提交修改后仍可以通过视图看到修改的数据。

例 4-11 创建一个视图 studentview1，用于显示计算机系所有学生的学号和姓名。

```
create view [studentview1]
as
select    姓名,学号
from      dbo. student
where     (所在系='计算机系')
```

注释：视图创建好之后可以打开视图查看视图对应结果。也可以使用"select * from 视图名"语句查看视图对应结果。

例 4-12 创建一个视图 studentview2，用于显示计算机系所有学生的学号和姓名。对代码进行加密。

```
create view [studentview2]
with encryption
as
select    姓名,学号
from      dbo. student
where     (所在系='计算机系')
```

例 4-13 创建一个视图 s_j_K，用于显示所有选修"数据库"课程的学生的学号、课程名和成绩，并按成绩从高到低排列。

```
create view dbo. s_j_k
as
select    top (100) percent sc. 学号,sc. 成绩,course. 课程名
from      course inner join sc on course. 课程号=sc. 课程号
where     (course. 课程名='数据库')
order by  sc. 成绩 desc
```

例 4-14 建立计算机系选修 1 号课程的学生的视图。

```
create view IS_S1
```

```
as
select      student.学号,姓名,成绩
from        student,sc
where       所在系='计算机系' and student.学号=sc.学号 and sc.课程号=1
```

例 4-15 建立计算机系选修 1 号课程且成绩在 90 分以上的学生的视图。

```
create view IS_S2
as
select      学号,姓名,成绩
from        IS_S1
where       成绩>=90
```

注释:视图不仅可以建立在一张或多张基本表上,也可以建立在一个或多个已定义好的视图上,或建立在基本表或视图上。

任务评价

主要测评项目		学生自评			
		A	B	C	D
专业知识	创建视图				
小组配合	成果交流共享				
小组评价	利用 T-SQL 创建视图				
教师评价	掌握 create view 的使用				

任务 2 修改、重命名、查看和删除视图

任务描述

修改、重命名、查看和删除视图。

任务分析

掌握使用 T-SQL 修改、重命名、查看和删除视图。

修改视图使用 alter view，格式如下：

```
alter view 视图名[(列名[,…n])]
[with encryption]
as
查询语句
[ with check option]
```

例 4-16 修改视图 s_j_K，用于显示所有选修“数据库”课程的学生的学号、课程名、成绩和所在系，所在系为“计算机系”，并按成绩从高到低排列。

```
alter view s_j_k
as
select    top (100) percent dbo. sc. 学号, dbo. sc. 成绩, dbo. course. 课程名,
dbo. student. 所在系
from     dbo. course inner join
                dbo. sc on dbo. course. 课程号=dbo. sc. 课程号 inner join
                dbo. student on dbo. sc. 学号=dbo. student. 学号
where    (dbo. course. 课程名='数据库' and 所在系='计算机系')
order by dbo. sc. 成绩 desc
```

使用系统存储过程 sp_rename 重命名视图。

例 4-17 修改视图 aa 改名为 bb。

```
sp_rename aa, bb
```

例 4-18 查看视图 s_j_K 的定义。

```
sp_help s_j_K
```

例 4-19 查看视图 s_j_K 的定义文本。

```
sp_helptext s_j_K
```

例 4-20 删除视图 aa。

```
drop view aa
```

任务评价

主要测评项目		学生自评			
		A	B	C	D
专业知识	修改、重命名、查看和删除视图				

续 表

主要测评项目		学生自评			
		A	B	C	D
小组配合	成果交流共享				
小组评价	利用 T - SQL 修改、重命名、查看和删除视图				
教师评价	利用 T - SQL 修改、重命名、查看和删除视图				

项目七 使用视图

学习目标

使用视图。

任务1 查询视图

任务描述

查询视图。

任务分析

查询视图。

任务实施

例 4-21 利用例 4-13 创建的视图 s_j_K，查询“数据库”课程成绩在 70 分以上的学生的学号和成绩。

```
select  学号,成绩
from    s_j_K
where   成绩>70
```

例 4-22 查询计算机系选修 1 号课程的学生。

```
select  studentview.学号,姓名
from    studentview,sc
where   studentview.学号=sc.学号 and
        sc.课程号=1
```

任务评价

主要测评项目		学生自评			
		A	B	C	D
专业知识	查询视图				
小组配合	成果交流共享				
小组评价	利用 T-SQL 查询视图				
教师评价	利用 T-SQL 查询视图				

任务 2
视图更新

任务描述

视图更新。

任务分析

视图更新。

任务实施

当向视图插入或更新数据时，实际上是对视图所基于的表执行数据的插入和更新，但是通过视图插入和更新数据有一些限制：

(1) 在一个语句中，一次不能修改一个以上的视图基表。例如，对于前面建立的视图 s_j_K，它基于 course 和 sc 表，所以不能用一个 insert 或 update 语句插入或修改 s_j_K 视图的所有列，但可以在多个语句中分别插入或修改该视图所参照基本表的对应列。

(2) 对视图中所有列的修改必须遵守视图基表中所定义的各种数据约束条件(如不能为空等)。

(3) 不允许对视图中的计算列进行修改，也不允许对视图定义中包含有统计函数或 group by 子句的视图进行插入或修改操作。

例 4-23 创建一个视图 courseview，用于显示每门课程的课程号、课程名和任课教师名字，并利用视图向课程表插入一行数据。

```
create view courseview
as
select 课程号,课程名,教师
from course
go
insert into courseview(课程名,教师) values('英语','王明')
```

注释：在课程数据表 course 中，学分列和先行课列允许为空值，所以插入成功。课程号是 identity 列不用体现。

例 4－24 创建一个视图 scview，用于显示学生选修课程的情况，返回学生的姓名、选修的课程名和成绩，并利用视图将刘滢的数据库课程成绩改为 98 分。

```
create view scview
as
select student.姓名,course.课程名,sc.成绩
from course join sc on course.课程号=sc.课程号
         join student on student.学号=sc.学号
go
update scview
set 成绩=98
where (姓名='刘滢') and (课程名='数据库')
```

例 4－25 利用例 4－23 中创建的视图 courseview，把数学这门课程记录删除。

```
delete from courseview where 课程名='数学'
```

主要测评项目		学生自评			
		A	B	C	D
专业知识	视图更新（插入、删除和更新）				
小组配合	成果交流共享				
小组评价	利用 T－SQL 实现视图更新				
教师评价	利用 T－SQL 实现视图更新				

习题 4

一、选择题

1. SQL 的视图是从(　　)中导出的。

(A) 基本表　　(B) 视图　　(C) 基本表或视图　　(D) 数据库

2. 创建视图命令是(　　)。

(A) create view　　(B) drop view

(C) create table　　(D) create rule

3. 修改视图时,使用(　　),可以对 create view 的文本加密。

(A) with encryption　　(B) with check option

(C) view_metadata　　(D) as SQL 语句

4. 关于唯一索引表述不正确的是(　　)。

(A) 某列创建了唯一索引则该列为主键

(B) 不允许插入重复的列值

(C) 某列创建为主键,则该列会自动创建唯一索引

(D) 一张表可以有多个唯一索引

二、名词解释

1. 聚集索引。

2. 视图。

三、简答题

1. 聚集索引和非聚集索引的区别。

2. 说明视图有哪些特点。

实训 4

索引和视图的管理

一、实训目的

1. 掌握创建、删除索引的方法。

2. 创建视图。

3. 修改和管理视图。

二、实训要求

1. 创建数据库 st 中的相关视图和索引。

2. 保存实训结果到文本文档。

三、实训步骤(编写代码)

1. 关于学生表的“姓名”字段建立非聚集索引 IX_xm,按姓名降序排列。
2. 为学生表创建一个基于出生日期和学号的索引 ix_nl,其中出生日期按降序排列,当出生日期相同时,按学号升序排列。
3. 删除索引 IX_xm 和 ix_nl。
4. 新建一个名为 student_view 的视图,该视图可以让我们查看每个学生的姓名、选修的课程名和成绩。
5. 利用 student_view 的视图,查看平均成绩在 75 分以上的学生姓名。
6. 新建一个 teacher_view 的视图,该视图显示每个教师所教的课程名和选修该课程的学生人数。
7. 修改 teacher_view 的视图,在视图中增加 1 列,显示选修该课程的所有学生的平均成绩。
8. 新建一个 depart_view 的视图,该视图可以查看每个系的学生人数。
9. 新建一个 student_view2 的视图,该视图可以用来查看每个学生选修的门数和平均成绩。
10. 利用第 9 题建好的视图 student_view2,查询平均成绩在 75 分以上的学生学号。
11. 修改第 9 题建好的视图 student_view2,该视图可以查看每个学生选修课程的门数、平均成绩和所在系。
12. 利用第 9 题创建好的视图,修改某个学生的平均成绩。

模块五 T－SQL程序设计

本模块首先介绍利用T－SQL进行程序设计、标识符、批处理、注释和输出语句、变量和运算符。其次介绍流程控制语句(顺序控制语句、选择控制语句、循环控制语句、goto语句和case函数),常用函数(数据转换函数、字符串函数、日期和时间函数、系统函数和数学函数)的正确使用。最后介绍用户自定义函数(标量值函数、内联表值函数、多语句表值函数、使用对象资源管理器管理用户自定义函数和删除用户定义函数),游标概述和实例。

项目一 T-SQL 语言基础

标识符、批处理、注释和输出语句。

任务 1 标识符

任务描述

标识符的使用。

任务分析

掌握标识符的分类和使用。

任务实施

Transact-SQL(简写为 T-SQL)是 SQL Server 对 SQL 功能的增强与扩充。利用 T-SQL 可以完成数据库上的各种管理操作,而且可以编写复杂的程序。

标识符是指用户在 SQL Server 中定义的服务器、数据库、数据库对象、变量和列等对象名称。SQL Server 标识符分为常规标识符和分隔标识符两类。

1. 常规标识符

查询语句 select * from student,其中的"student"即为常规标识符。常规标识符应遵守以下命名规则:

- 标识符长度可以为 1～128 个字符。
- 标识符的首字符必须为 Unicode 2.0 标准所定义的字母或_、@、#符号。
- 标识符第一个字符后面的字符可以为 Unicode Standard 2.0 所定义的字符、数字或@、#、$、_符号。

- 标识符内不能嵌入空格和特殊字符。
- 标识符不能与 SQL Server 中的保留关键字同名。

注释:在 SQL Server 中,某些位于标识符开头位置的符号具有特殊意义。为了避免混淆,不应使用以这些特殊意义开头的名称。

- 以@符号开头的标识符表示局部变量和参数。
- 以一个#开头的标识符表示临时表或过程。
- 以两个#开头的标识符表示全局临时对象。
- 以两个@开头的标识符为全局变量。

2. 分隔标识符

分隔标识符允许在标识符中使用 SQL Server 保留关键字或常规标识符中不允许使用的一些特殊字符,这是由双引号或方括号分隔符进行分隔的标识符。

语句 create database[aa bb]中由于数据库名称“aa bb”中包含空格,所以用方括号来分隔。

例 5-1 创建一个新表,新表使用“table”作为表名。

```
create table [table]
(
      a char(10) primary key,
      b int
)
```

注释:

- **由于所创建的表名 table 与 T-SQL 保留字相同,因此要用方括号来分隔。**
- **符合标识符格式规则的标识符可以分隔,也可以不分隔。例如以下两组语句是等价的。**

```
select[学号],[姓名]
from student
等价于
select 学号,姓名
from student
```

任务评价

主要测评项目		学生自评			
		A	B	C	D
专业知识	标识符的分类和使用				
小组配合	讨论标识符的分类和使用				
小组评价	掌握标识符的使用				
教师评价	掌握标识符的使用				

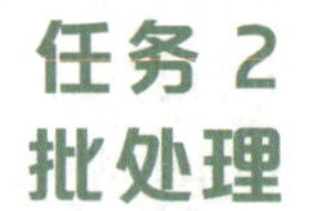

任务描述

批处理的使用。

任务分析

掌握批处理的规则和使用。

任务实施

多条语句放在一起依次执行，称为批处理执行。批处理语句之间用 go 分隔。这里的 go 是向 SQL Server 实用工具（如 sqlcmd）发出一批 T - SQL 语句结束的信号。使用批处理的规则：

（1）create trigger 和 create view 等语句在同一个批处理中只能提交一个。

（2）不能在删除一个对象之后，在同一批处理中再次引用这个对象。

（3）不能把规则和默认值绑定到表字段或者自定义字段上之后，立即在同一批处理中使用它们。

（4）不能定义一个 check 约束之后，立即在同一个批处理中使用。

（5）不能修改表中一个字段名之后立即在同一个批处理中引用这个新字段。

（6）使用 set 语句设置的某些 set 选项不能应用于同一个批处理中的查询。

（7）执行批处理中第一个存储过程时，则 execute 关键字可以省略。

(8) go 语句和 T-SQL 语句不可在同一行上。但在 go 语句中可包含注释。

例 5-2　执行一个视图批处理。

```
use st
go
create view view1 as
select * from student where 学号='114L0201'
go
select * from view1
```

任务评价

主要测评项目		学生自评			
		A	B	C	D
专业知识	批处理语句的编写				
小组配合	成果交流共享				
小组评价	正确编写批处理语句				
教师评价	正确编写批处理语句				

任务 3
注释和输出语句

任务描述

注释和输出语句的使用。

任务分析

掌握注释和输出语句的使用。

任务实施

注释是程序代码中不执行的文本字符串。

1. --　用于单行注释。

2. /**/　用于多行注释。

输出语句：

(1) print 语句　该语句把用户定义的消息返回客户端，格式如下：

print<字符串表达式>。

(2) raiserror　返回用户定义的错误信息，格式如下：

raiserror({msg_id|msg_str}{,severity,state})。

参数含义如下：

- msg_id：存储于 sysmessages 表中的用户定义的错误信息。用户定义错误信息的错误号应大于 50000。
- msg_str：是一条特殊信息字符串。
- severity：用户定义的与消息关联的严重级别。用户可以使用 0～18 之间的严重级别。
- state：1～127 之间的任意整数，表示有关错误调用状态的信息。

例 5-3　输出“谢谢！”字符串和返回用户定义的错误信息。

```
Print '谢谢！'
raiserror('发生错误',16,1)
```

任务评价

主要测评项目		学生自评			
		A	B	C	D
专业知识	注释和输出语句的使用				
小组配合	成果交流共享				
小组评价	正确使用注释和输出语句				
教师评价	掌握注释和输出语句的使用				

项目二 变量和运算符

学习目标

- 变量。
- 运算符。

任务1 变量

任务描述

变量的定义、分类和使用。

任务分析

掌握变量定义、分类和使用。

任务实施

变量是 SQL Server 用来在语句之间传递数据的方式之一，由系统或用户定义赋值。SQL Server 的变量分为局部变量和全局变量，其中局部变量是以@开头的变量，由用户自己定义和赋值；全局变量是指由系统定义和维护，名称以@@开头的变量。

1. 局部变量

（1）变量声明。T-SQL 中使用 declare 语句声明变量，并在声明后将变量的值初始化为 null。在一个 declare 语句中可以同时声明多个局部变量，它们之间用逗号隔开，语句格式如下：

declare　@变量的名称 数据类型[,…n]。

（2）变量赋值。使用 set 语句或 select 语句为变量赋值。set 语句的格式如下：

set　　@变量的名称＝expression

select 语句为变量赋值的格式如下：

select @变量的名称=expression[from<表名>where<条件>]。

例 5-4 从学生基本信息表 student 中检索 1996-01-01 后出生的女学生姓名与学号信息，代码如下：

```
declare @varsex char(2),@vardate datetime
set @varsex='女'
set @vardate='1996-01-01'
select 姓名,学号,出生日期
from student
where 性别=@varsex and 出生日期>=@vardate
```

例 5-5 求选修 1 号课程的平均成绩，代码如下：

```
declare @avg int
select @avg=avg(成绩) from sc where 课程号=1
print @avg
```

2. 全局变量

全局变量不能由用户定义，不可以赋值，并且可以在上下文时随时可用，使用全局变量应注意以下几点：

- 全局变量不能由用户的程序定义，它们是在服务器级定义的。
- 用户只能使用预先定义的全局变量。
- 引用全局变量时，必须以@@开头。

局部变量不能与全局变量同名。常用的全局变量有以下 3 种：

- @@error。返回最后执行的 T-SQL 语句的错误代码，返回类型为整型。
- @@rowcount。返回受上一语句影响的行数。
- @@identity。返回最后插入的标识值，返回类型为数值。

例 5-6 检查 update 语句中的错误（错误号为 547），可以使用全局变量@@error；同时要了解执行 update 语句是否影响了表中的行，可以使用@@rowcount 变量。

```
update student set 性别='a'
where 学号='114L0201'
if @@error=547
print '错误:违反 check 约束'
if @@rowcount=0
print '数据没有被更新'
```

备注：建表时 constraint ck_sex check(性别='女' or 性别='男')。

任务评价

主要测评项目		学生自评			
		A	B	C	D
专业知识	变量的定义、分类和使用				
小组配合	成果交流共享				
小组评价	掌握变量的定义、分类和使用				
教师评价	掌握变量的定义、分类和使用				

任务 2 运算符

任务描述

运算符的分类、优先级。

任务分析

掌握运算符的分类、优先级。

任务实施

运算符用来执行列、常量或变量间的数学运算和比较操作。运算符主要有算术运算符、位运算符、比较运算符、逻辑运算符、赋值运算符(=)、字符串连接运算符和单目运算符。

1. 算术运算符

算术运算符主要包括:加(+)、减(-)、乘(*)、除(/)和取余(%)。

2. 位运算符

位运算符主要包括:与(&)、或(|)和异或(^)。

3. 比较运算符

比较运算符主要包括:等于(=)、大于(>)、小于(<)、大于等于(>=)、小于等于

(<=)、不等于(<>或!=)、不小于(!<)、不大于(!>)。

4. 逻辑运算符

逻辑运算符主要包括：所有(all)、并列(and)、任何(any)、间于(between)、存在(exists)、范围操作(in)、模式匹配(like)、否定(not)、或者(or)、一些(some)。

5. 字符串连接运算符

字符串连接运算符用+来表示，例如 select 'aaa'+'123'结果为 aaa123。

6. 单目运算符

单目运算符主要包括：正(+)、负(-)和位反(~)。

上面运算符的优先顺序如表 5-1 所示。

表 5-1　运算符优先级

级别	运　算　符
1	位反(~)
2	乘(×)、除(/)和取余(%)
3	正(+)、负(-)、加或连接(+)、减(-)、位与(&)
4	等于(=)、大于(>)、小于(<)、大于等于(>=)、小于等于(<=)、不等于(<>或!=)、不小于(!<)、不大于(!>)
5	位或(|)和位异或(^)
6	否定(not)
7	并列(and)
8	所有(all)、任何(any)、间于(between)、范围操作(in)、模式匹配(like)、或者(or)、一些(some)
9	赋值运算符(=)

例 5-7　计算 15×(40+(51-31))的值。

```
declare @number int
set @number=15 * (40+(51-31))
select @number
```

主要测评项目		学生自评			
		A	B	C	D
专业知识	运算符的分类、优先级				

续 表

主要测评项目		学生自评			
		A	B	C	D
小组配合	成果交流共享				
小组评价	掌握运算符的分类、优先级				
教师评价	掌握运算符的分类、优先级				

项目三
流程控制语句

学习目标

- 顺序控制语句。
- 分支控制语句。
- 循环控制语句。
- goto 语句。
- case 函数。

任务 1 顺序控制语句

任务描述

顺序控制语句的格式。

任务分析

顺序控制语句的格式。

任务实施

Begin…end 语句将多条 T - SQL 语句封装起来，构成一个语句块，它用在 if…else、while 等语句中，使语句块内的所有语句作为一个整体被依次执行。Begin…end 语句可以嵌套使用。格式如下：

```
begin
    {SQL 语句|语句块}
end
```

任务评价

主要测评项目		学生自评			
		A	B	C	D
专业知识	顺序控制语句的格式				
小组配合	编个小实例				
小组评价	能利用顺序控制语句编个小实例				
教师评价	能利用顺序控制语句编个小实例				

任务2 分支控制语句

任务描述

分支控制语句的格式和实例。

任务分析

掌握利用分支控制语句编写选择结构程序。

任务实施

if…else语句是条件判断语句，其中else语句是可选的。格式如下：

if<布尔表达式>

{SQL语句|语句块}

[else

{SQL语句|语句块}]

if…else语句的执行方式是：如果布尔表达式的值为true，则执行if后面的语句块；否则执行else后面的语句块。

例5-8 如果数据结构平均成绩高于80分，则显示信息“平均成绩高于80分”。

```
declare @text char(20)
set @text='平均成绩高于 80 分'
if (select avg(成绩) from sc,course where sc.课程号=course.课程号 and course.课程名='数据结构')<=80
    begin
      set @text='平均成绩<=80 分'
    end
select @text as 平均成绩
```

例 5-9 如果课程 1 的平均成绩低于 60 分,那么显示“不及格”,如果高于 90,则显示“优秀”,其他显示“合格”。

```
declare @cj_avg int
set @cj_avg=(select avg(成绩) from sc where 课程号=1)
if (@cj_avg)<60
  begin
   print cast(@cj_avg as char(3))+'不及格'
  end
else
  if (@cj_avg)>90
print cast(@cj_avg as char(3))+'优秀'
  else
print cast(@cj_avg as char(3))+'合格'
```

任务评价

主要测评项目		学生自评			
		A	B	C	D
专业知识	掌握利用分支控制语句编写选择结构程序				
小组配合	成果交流共享				
小组评价	掌握利用分支控制语句编写选择结构程序				
教师评价	掌握利用分支控制语句编写选择结构程序				

任务 3
循环控制语句

循环控制语句的格式和实例。

任务分析

掌握利用循环控制语句编写循环程序。

while…continue…break 语句用于设置重复执行 SQL 语句或语句块的条件，只要制定的条件为真，就重复执行语句。其中 continue 语句可以使程序跳过 continue 语句后面的语句，回到 while 循环的第一行命令；break 语句则使程序完全跳出循环，结束 while 语句的执行。格式如下：

```
while<布尔表达式>
    {SQL 语句|语句块}
    [break]
    {SQL 语句|语句块}
    [continue]
    [SQL 语句|语句块]
```

例 5－10 如果平均成绩少于 60 分，就将成绩加倍。如果最高成绩少于或等于 80 分，则继续将成绩加倍。直到平均成绩大于 60 分或者最高成绩大于 80 分。

```
while (select avg(成绩) from sc)<60
begin
    update sc
      set 成绩=成绩 * 2
      if (select max(成绩) from sc)>80
        break
      else
        continue
end
print '平均成绩大于 60 分或者最高成绩大于 80 分'
```

任务评价

主要测评项目		学生自评			
		A	B	C	D
专业知识	循环控制语句的格式和实例				
小组配合	成果交流共享				
小组评价	掌握循环控制语句的格式和编写实例				
教师评价	掌握三种基本语句的联系和区别				

任务 4 goto 语句

任务描述

goto 语句的格式和实例。

任务分析

掌握利用 goto 语句编写跳转程序。

任务实施

格式如下：

格式

```
goto label        --改变执行
……
label :           --定义标签
```

注释：goto 语句将程序流程直接跳到指定标签处。标签定义位置可以在 goto 之前或之后。标签符可以为数字与字符的组合，但必须以“:”结尾。在 goto 语句之后的标签不能跟“:”。goto 语句和标签可在过程、批处理或语句块中的任何位置使用，但不可跳转到批处理之外的标签处。goto 语句可嵌套使用。

例 5－11 利用 goto 语句求 1,2,3,4,5 的和。

```
declare @sum1 int,@count int
select @sum1=0,@count=1
aaa:
select @sum1=@sum1+@count
select @count=@count+1
if @count<=5
  goto aaa
select @count-1 as 计数,@sum1 as 累和
```

运行结果如图 5－1：

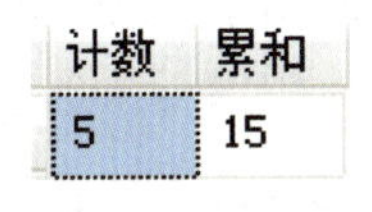

计数	累和
5	15

图 5－1 运行结果

任务评价

主要测评项目		学生自评			
		A	B	C	D
专业知识	goto 语句的格式和实例				
小组配合	成果交流共享				
小组评价	掌握 goto 语句的格式和编写实例				
教师评价	掌握 goto 语句的格式和编写实例				

任务 5
case 函数

任务描述

case 函数的分类和使用。

掌握利用 case 函数编写程序。

任务实施

case 函数可以计算多个条件式，并将其中一个符合条件的结果表达式返回。case 函数按照使用形式的不同，可以分为简单 case 函数和搜索 case 函数。

1. 简单 case 函数

将某个表达式与一组简单表达式进行比较以确定结果。格式如下：

```
case input_expression
when when_expression then result_expression
  [⋯n]
  [else else_result_expression]
end
```

注释：

- 计算 input_expression，然后按指定顺序对每个 when 子句的(input_expression = when_expression)进行计算。
- 返回第 1 个取值为 true 的(input_expression = when_expression)的结果表达式。
- 如果没有取值为 true 的(input_expression = when_expression)的结果表达式，则当指定 else 子句时 SQL Server 将返回 else 结果表达式；若没有指定 else 子句，则返回 null 值。

例 5-12 使用 case 函数获得学生选修课程名、姓名和成绩信息，并将信息存入“成绩表”中。

```
select 姓名,课程名=
  case 课程号
    when 1 then '数据库'
    when 2 then '数学'
    when 3 then '信息系统'
    when 4 then '操作系统'
    when 5 then '数据结构'
    else 'null'
  end
,成绩 into 成绩表
from sc,student
where 成绩 is not null and student.学号=sc.学号
```

```
select * from 成绩表
```

2. case 搜索函数

case 搜索函数计算一组布尔表达式以确定结果，格式如下：

```
case
  when Boolean_expression then result_expression
  [...n]
  [else else_result_expression]
end
```

例 5-13 使用 case 函数设置课程号为 1 的课程的成绩级别，如果学生课程成绩小于 60，那么设置类型为“不及格”；如果大于等于 90，则设置类型为“优秀”；其他设置为“合格”；并将信息存到“等级表”中。

```
select 学号,级别=
  case
    when 成绩<60 then '不及格'
    when 成绩>=90 then '优秀'
    else '合格'
  end
,成绩 into 等级表
from sc
where 成绩 is not null and 课程号=1
select * from 等级表
```

等级表的数据如图 5-2：

学号	级别	成绩
114L0201	优秀	90
114L0203	合格	76
114L0206	合格	73
114L0202	合格	69

图 5-2 等级表的数据

任务评价

主要测评项目		学生自评			
		A	B	C	D
专业知识	case 函数的分类和使用				

续 表

主要测评项目		学生自评			
		A	B	C	D
小组配合	成果交流共享				
小组评价	掌握 case 函数的使用				
教师评价	掌握 case 函数的使用				

项目四 常用函数

学习目标

- 数据转换函数。
- 字符串函数。
- 日期和时间函数。
- 系统函数。
- 数学函数。

任务 1 数据转换函数

任务描述

数据转换函数的使用。

任务分析

掌握数据转换函数的使用。

任务实施

T-SQL 语言提供了丰富的数据操作函数，常用的有数据转换函数、字符串函数、日期和时间函数、系统函数和数学函数。

常用转换函数如表 5-2 所示。

例 5-14 将学生选课数据表 sc 成绩列转换为 varchar(6)，并显示成绩在 80～90 分之间的学生学号。

```
select 学号+'的成绩为:'+cast(成绩 as varchar(6)) as '80 分以上成绩'
from sc
```

表 5－2 数据转换函数

函数	功　能
cast	将某种数据类型的表达式显式转换为另一种数据类型
convert	将某种数据类型的表达式显式转换为另一种数据类型

where cast(成绩 as varchar(6)) like '8_'

或者

select 学号＋'的成绩为:'＋convert(varchar(6),成绩) as '80 分以上成绩'

from sc

where convert(varchar(6),成绩) like '8_'

任务评价

主要测评项目		学生自评			
		A	B	C	D
专业知识	数据转换函数的使用				
小组配合	成果交流共享				
小组评价	掌握数据转换函数的使用				
教师评价	掌握数据转换函数的使用				

任务 2
字符串函数

任务描述

字符串函数的使用。

任务分析

掌握字符串函数的使用。

任务实施

常用字符串函数如表 5－3 所示。

表 5-3　字符串函数

函数	功　　能
ascii	返回字符表达式最左端字符的 ascii 代码值
char	将 int ascii 代码转换为字符的字符串函数
charindex	返回字符串中指定表达式的起始位置
left	返回从字符串左边开始指定个数的字符
len	返回给定字符串表达式的字符(而不是字节)个数,其中不包含尾随空格
lower	将大写字符数据转换为小写字符数据后返回字符表达式
ltrim	删除起始空格后返回字符表达式
replace	字符串替换
replicate	以指定的次数重复字符表达式
reverse	返回字符表达式的反转
right	返回字符串中从右边开始指定个数的字符
rtrim	截断所有尾随空格后返回一个字符串
space	返回由重复的空格组成的字符串
str	由数字数据转换来的字符数据
stuff	删除指定长度的字符并在指定的起始点插入另一组字符
substring	返回字符、binary、text 或 image 表达式的一部分
upper	返回将小写字符数据转换为大写的字符表达式

例 5-15　有一字符串“湖北 Hubei Railway Professional College”,要对其进行如下操作:去掉左边和右边空格;将该字符串全部转为大写;了解整个字符串长度;提取左边 6 个字符;提取第 2 个字符开始的 5 个字符;获取 way 第 1 次出现的位置。

```
declare @temp varchar(50)
set @temp='湖北 Hubei Railway Professional College'
print '去掉空格后:'+rtrim(ltrim(@temp))
print '转换为大写:'+upper(@temp)
print '字符串长度:'+cast(len(@temp) as char(4))
print '获左 6 个字符:'+left(@temp,6)
print '截取字符串后:'+substring(@temp,2,5)
print 'way 第 1 次出现位置:'+convert(char(4),patindex('%way%',@temp))
```

运行结果如下:

去掉空格后:湖北 Hubei Railway Professional College

转换为大写:湖北 HUBEI RAILWAY PROFESSIONAL COLLEGE

字符串长度:37

获左 6 个字符:湖北 Hub

截取字符串后:北 Hub

way 第 1 次出现位置:14

任务评价

主要测评项目		学生自评			
		A	B	C	D
专业知识	字符串函数的使用				
小组配合	成果交流共享				
小组评价	掌握字符串函数的使用				
教师评价	掌握字符串函数的使用				

任务 3 日期和时间函数

日期和时间函数的使用。

任务分析

掌握日期和时间函数的使用。

常用日期和时间函数如表 5 - 4 所示。

表 5 - 4 日期和时间函数

函数	功能
dateadd	在向指定日期加上一段时间的基础上,返回新的 datetime 值
datediff	返回两个日期/时间之间指定部分的差

续 表

函数	功　　能
datename	返回日期的指定日期部分的字符串
datepart	返回日期的指定部分的整数
day	返回日期的天的日期部分
getdate	返回当前系统日期和时间
month	返回代表指定日期月份
year	返回表示指定日期中的年份

例 5-16　查询每个学生出生 10 天和 10 年后的日期。

```
select 姓名,出生日期,dateadd(day,10,出生日期) as newtime
from student
go
select 姓名,出生日期,dateadd(year,10,出生日期) as newtime
from student
```

任务评价

主要测评项目		学生自评			
		A	B	C	D
专业知识	日期和时间函数的使用				
小组配合	成果交流共享				
小组评价	掌握日期和时间函数的使用				
教师评价	掌握日期和时间函数的使用				

任务 4
系统函数

任务描述

系统函数的使用。

任务分析

掌握系统函数的使用。

常用系统函数如表 5-5 所示。

表 5-5 系统函数

函数	功 能
coalesce	返回其参数中第一个非空表达式
datalength	返回任何表达式所占用的字节数
host_name	返回工作站名称
isnull	使用指定的替换值替换 null
newid	创建 unique identifier 类型的唯一值
nullif	如果两个指定的表达式相等,则返回空值
user_name	返回给定标识号的用户数据库用户名

例 5-17 返回服务器端计算机的名称、服务器端计算机的 ID 号、数据库的用户名以及数据库的名称。

```
select host_name() as 服务器端计算机的名称,
host_id() as 服务器端计算机的 ID 号,
user_name() as 数据库的用户名,
db_name() as 数据库的名称。
```

任务评价

主要测评项目		学生自评			
		A	B	C	D
专业知识	系统函数的使用				
小组配合	成果交流共享				
小组评价	掌握系统函数的使用				
教师评价	掌握系统函数的使用				

任务 5
数学函数

数学函数的使用。

任务分析

掌握数学函数的使用。

常用数学函数如表 5-6 所示。

表 5-6 数学函数

函数	功能
abs	返回给定数字表达式的绝对值
ceiling	返回大于或等于所给数字表达式的最小整数
floor	返回小于或等于所给数字表达式的最大整数
power	返回给定表达式乘指定次方的值
rand	返回 0 到 1 之间的随机 float 值
round	返回数字表达式并四舍五入为指定的长度或精度
sign	返回给定表达式的正(+1)、零(0)或负(-1)号
square	返回给定表达式的平方
sqrt	返回给定表达式的平方根

例 5-18 有两个数值 234.56 和—234.56,使用各种数学函数求值。

```
declare @num1 float,@num2 float
set @num1=234.56
set @num2=-234.56
select 'abs',abs(@num1),abs(@num2)
select 'sign',sign(@num1),sign(@num2)
```

```
select 'ceiling',ceiling(@num1),ceiling(@num2)
select 'floor',floor(@num1),floor(@num2)
select 'round',round(@num1,0),round(@num2,1)
```

运行结果如图 5-3 所示。

	(无列名)	(无列名)	(无列名)
1	abs	234.56	234.56

	(无列名)	(无列名)	(无列名)
1	sign	1	-1

	(无列名)	(无列名)	(无列名)
1	ceiling	235	-234

	(无列名)	(无列名)	(无列名)
1	floor	234	-235

	(无列名)	(无列名)	(无列名)
1	round	235	-234.6

图 5-3 运行结果

主要测评项目		学生自评			
		A	B	C	D
专业知识	数学函数的使用				
小组配合	成果交流共享				
小组评价	掌握数学函数的使用				
教师评价	掌握数学函数的使用				

项目五
用户自定义函数

学习目标

- 标量值函数。
- 内联表值函数。
- 多语句表值函数。
- 使用对象资源管理器管理用户自定义函数。
- 删除用户定义函数。

任务 1
标量值函数

任务描述

标量值函数的定义和调用。

任务分析

掌握标量值函数的定义和调用。

1. 格式

create function[拥有者.]函数名

([{@形参名 1[as]数据类型 1[=默认值]}[,…n]])

returns 返回值的类型

[with<{encryption}>[,…n]]

[as]

begin

函数体

return 标量表达式

end

2. 功能

- 函数可以声明一个或多个形参。执行函数时，需要提供形参的值，除非该形参定义了默认值。指定 default 关键字，就能获得默认值。
- 每个函数的形参仅用于该函数本身；不同的函数，可以使用相同的形参。
- 函数体由一组 SQL 语句构成。
- 建立函数命令必须是批处理命令的第 1 条命令。

例 5－19 建立标量函数 studentsum，计算某个学生各科成绩之和。

```
create function studentsum(@st_sname char(8)) returns int
as
  begin
      declare @sumgrade int
      select @sumgrade=
            (
            select sum(sc.成绩)
            from sc
            where 学号=(select 学号
              from student
              where 姓名=@st_sname)
            )
      return @sumgrade
end
```

3. 标量函数的调用

(1) 在 select 语句中调用。

格式：select 拥有者.函数名(实参 1，…，实参 n)。

说明：实参可为已赋值的局部变量或表达式。实参与形参要顺序一致。

(2) 使用 exec 语句调用。

格式 1：exec 拥有者.函数名 实参 1，…，实参 n。

格式 2：exec 拥有者.函数名 形参 1=实参 1，…，形参 n=实参 n。

说明：格式 1 要求实参与形参顺序一致，格式 2 的参数顺序可与定义时的参数顺序不一致。

例 5－20 调用标量函数 studentsum，计算施瑜娟同学各科成绩之和。

方法一：

```
select dbo.studentsum('施瑜娟')
```

方法二：

```
declare @st_grade int
exec @st_grade=dbo.studentsum '施瑜娟'
select @st_grade as 总成绩
```

方法三：

```
declare @st_grade int
exec @st_grade=dbo.studentsum @st_sname='施瑜娟'
select @st_grade as 总成绩
```

任务评价

主要测评项目		学生自评			
		A	B	C	D
专业知识	标量值函数的定义和调用				
小组配合	成果交流共享				
小组评价	掌握标量值函数的定义和调用				
教师评价	掌握标量值函数的定义和调用				

任务 2 内联表值函数

任务描述

内联表值函数的定义和调用。

任务分析

掌握内联表值函数的定义和调用。

1. 格式

create function[拥有者.]函数名

([{@参数名 1[as]数据类型 1[=默认值]}[,…n]])

returns 表

[with<{encryption}>[,…n]]

[as]

return[(内嵌表)]

2. 功能

在内嵌表值函数中,返回值是一张表。内嵌函数体没有相关联的返回变量。通过 select 语句返回内嵌表。return[(内嵌表)]定义了单个 select 语句,它是返回值。

例 5-21 定义内嵌表值函数 coursegrade,要求能够查询某一课程所有学生成绩列表。

```
create function coursegrade
(@course varchar(30))
returns table
as
return(select 学号,课程名,成绩
       from sc,course
       where sc.课程号=course.课程号 and course.课程名=@course)
```

3. 内嵌表值函数调用格式

select * from[数据库名][.拥有者][.函数名](实参 1,…,实参 n)说明:内嵌表值函数只能使用 select 语句调用。

例 5-22 查询课程“数据库”的成绩列表。

select * from coursegrade('数据库')

运行结果如图 5-4 所示。

学号	课程名	成绩
114L0201	数据库	90
114L0203	数据库	76
114L0206	数据库	73
114L0202	数据库	69
114L0204	数据库	null
114L0205	数据库	null

图 5-4 例 5-22 运行结果

任务评价

<table>
<tr><th colspan="2" rowspan="2">主要测评项目</th><th colspan="4">学生自评</th></tr>
<tr><th>A</th><th>B</th><th>C</th><th>D</th></tr>
<tr><td>专业知识</td><td>内联表值函数的定义和调用</td><td></td><td></td><td></td><td></td></tr>
<tr><td>小组配合</td><td>成果交流共享</td><td></td><td></td><td></td><td></td></tr>
<tr><td>小组评价</td><td>掌握内联表值函数的定义和调用</td><td></td><td></td><td></td><td></td></tr>
<tr><td>教师评价</td><td>掌握内联表值函数的定义和调用</td><td></td><td></td><td></td><td></td></tr>
</table>

任务 3
多语句表值函数

任务描述

多语句表值函数的定义和调用。

任务分析

掌握多语句表值函数的定义和调用。

1. 格式

```
create function[拥有者.]函数名
([{@参数名 1[as]数据类型 1[=默认值]}[,…n]])
returns @表变量 table<表的属性定义>
[with<{encryption}>[,…n]]
[as]
begin
函数体
return
```

```
end
```

2. 功能

函数体由一组在表变量中插入记录行的语句组成。

例 5-23 定义多语句表值函数 course_grade，要求能够查询某一课程所有学生成绩列表。

```
create function course_grade
(@course varchar(30))
returns @score table
(
s_sno char(10),
s_cname char(30),
成绩 int
)
as
begin
    insert @score
    select 学号,课程名,成绩
    from sc,course
    where sc.课程号=course.课程号
    and course.课程名=@course
    return
end
```

例 5-24 查询课程“数据库”的成绩列表。

```
select * from course_grade('数据库')
```

任务评价

主要测评项目		学生自评			
		A	B	C	D
专业知识	多语句表值函数				
小组配合	成果交流共享				
小组评价	掌握多语句表值函数				
教师评价	掌握上述三种函数的联系和区别，正确的编写相应代码				

任务 4
使用对象资源管理器管理用户自定义函数

任务描述

使用对象资源管理器管理用户自定义函数。

任务分析

使用对象资源管理器管理用户自定义函数。

任务实施

1. 新建自定义函数

步骤如下：

- 依次展开对应“数据库”→“可编程性”→“函数”。
- 右击“函数”结点，在弹出式菜单中选择“新建”命令，选择自定义函数类型。

2. 修改自定义函数

步骤如下：

- 依次展开对应“数据库”→“可编程性”→“函数”。
- 选中要修改的函数，右击函数。
- 在弹出式菜单中选择“修改”命令。

任务评价

主要测评项目		学生自评			
		A	B	C	D
专业知识	使用对象资源管理器管理用户自定义函数				
小组配合	成果交流共享				
小组评价	掌握使用对象资源管理器管理用户自定义函数				
教师评价	掌握使用对象资源管理器管理用户自定义函数				

任务5
删除用户自定义函数

删除用户自定义函数。

任务分析

删除用户自定义函数。

1. 格式

drop function{[拥有者.]函数名}[,…n]

2. 功能

删除指定用户定义的函数名称。

例 5-25 删除自定义函数 course_grade。

```
drop function course_grade
```

任务评价

主要测评项目		学生自评			
		A	B	C	D
专业知识	删除用户自定义函数				
小组配合	成果交流共享				
小组评价	掌握删除用户自定义函数的代码编写				
教师评价	掌握删除用户自定义函数的代码编写				

项目六 游标

学习目标

游标概述和实例。

任务1 游标概述和实例

任务描述

游标的作用和使用。

任务分析

掌握游标的作用和使用。

任务实施

应用程序有时需要一种机制，以便每次处理一行或一部分行，游标就提供了这种机制。游标通过以下方式扩展结果处理：

- 允许定位在结果集的特定行。
- 从结果集的当前位置检索一行或多行。
- 支持对结果集中当前位置的行进行数据修改。

T－SQL 游标一般使用步骤：

- 声明游标。
- 打开游标。
- 提取游标。
- 根据需要。

- 关闭游标。
- 释放游标。

游标主要用于存储过程、触发器和 T-SQL 脚本中,使用游标时通常用到以下基本语句。

1. declare cursor

声明游标,其语法格式如下:

```
declare    cursor_name cursor
for    select_statement
```

2. open

打开游标,其语法格式如下:

```
open    cursor_name
```

3. fetch

提取游标,从 T-SQL 服务器游标中检索特定的一行,格式如下:

```
fetch
        [[next|prior|first|last
                  |absolute n|
                  |relative n|
                  from
                     ]
cursor_name
[into @variable_name[,…n]]
```

注释:

- next:返回紧跟当前行之后的结果行。如果 fetch next 为对游标的第一次提取操作,则返回结果集中第 1 行。
- prior:返回紧临当前行前面的结果行。如果 fetch prior 为对游标的第一次提取操作,则没有行返回并且游标置于第 1 行前面。
- first:返回游标中第 1 行并将其作为当前行。
- last:返回游标中最后 1 行并将其作为当前行。
- absolute n:如果 n 为整数,返回游标头开始的第 n 行并将返回的行变成新的当前行;如果 n 为负数,返回游标尾之前的第 n 行并将返回的行变成新的当前行;如果 n 为 0,则没有行返回。
- relative n:返回当前行之前或之后的第 n 行并将返回的行变成新的当前行。
- cursor_name:要从中进行提取的开放游标的名称。
- into @variable_name[,…n]:允许将提取操作的列数据放到局部变量中。列表中各个变量从左到右与游标结果集中相应列相关联。各变量的数据类型必须与相应的结果列的数据类型匹配。变量的数目必须与游标选择列表中的列的数目一致。

4. close

关闭游标，释放当前结果集并且解除定位游标的行上的游标锁定，格式如下：

```
close    cursor_name
```

5. deallocate

删除游标引用，格式如下：

```
deallocate cursor_name
```

例 5-26 为学生基本表 student 中男同学的行声明游标，并利用 fetch next 逐个提取这些行。

```
declare @sno char(8),@xm char(10),@xb char(2),@csrq datetime,@x varchar(20),@dh char(11),@dizhi nvarchar(50)
declare stud_cursor scroll cursor for
select * from student where 性别='男'
open stud_cursor
fetch next from stud_cursor
into @sno,@xm,@xb,@csrq,@x,@dh,@dizhi
while @@fetch_status=0--为 0 时 fetch 语句成功
begin
print '学号'+@sno+'姓名'+@xm+'性别'+@xb+'出生日期'+convert(varchar(10),@csrq)+'系'+@x+'电话'+@dh+'家庭地址'+@dizhi
fetch next from stud_cursor
into @sno,@xm,@xb,@csrq,@x,@dh,@dizhi
end
close stud_cursor
deallocate stud_cursor
```

主要测评项目		学生自评			
		A	B	C	D
专业知识	游标的作用和使用				
小组配合	成果交流共享				
小组评价	掌握游标的作用和使用				
教师评价	掌握 T-SQL 游标一般使用步骤				

习题 5

一、选择题

1. (　　)函数可以从字符表达式中的第 m 个字符开始截取 n 个字符,形成一个新的字符串,m,n 都是数值表达式。

(A) substring()　　(B) stuff()　　(C) right()　　(D) left()

2. 常用系统函数 db_name()的功能是(　　)。

(A) 返回数据库名称　　(B) 返回服务器端计算机的名称

(C) 返回用户的数据库用户名　　(D) 返回服务器端计算机的 ID 号

3. round(321.456 78,−1)函数返回值是(　　)。

(A) 300.000 00　　(B) 320.000 00

(C) 321.　　(D) 321.5

4. 删除游标 aaa 的命令是(　　)。

(A) close aaa　　(B) deallocate aaa

(C) drop aaa　　(D) delete aaa

5. 删除自定义函数 bbb 的命令是(　　)。

(A) drop function bbb　　(B) drop bbb

(C) delete bbb　　(D) delete function bbb

实训 5

SQL 函数与表达式

一、实训目的

1. 掌握 T-SQL 中的聚合函数、数据转换函数和日期函数的使用。
2. 学习 SQL 表达式的使用。
3. 掌握游标的使用。
4. 掌握 T-SQL 控制流语句。

二、实训要求

保存实训结果到文本文档。

三、实训步骤

1. 查询每个学生出生 20 个月和 20 个星期后的日期。
2. 创建一个视图,如果所有课程的平均成绩的平均分小于 60 分,那么设置奖学金类型为“三等奖”;如果大于或等于 90 分,那么设置奖学金类型为“一等奖”;其余设置为“二等奖”。

3. 定义一个函数，要求能够显示某个学生(指姓名)选修某门课程(指课程名)的成绩，如果某个学生没有选修某门课程，则显示“某某同学没有选修某某课程”。例如张三同学没有选修数据库。(标量值函数的定义与调用)
4. 为课程表 course 中课程名为“数据库”的行声明游标，并利用 fetch next 逐个提取这些行。

模块六
数据库完整性与存储过程和触发器

本模块首先介绍数据库完整性与存储过程和触发器的概述和管理，数据完整性的定义和分类（允许空值约束、default 约束、check 约束、primary key 约束、foreign key 约束和 unique 约束）。其次介绍存储过程的创建，存储过程的调用，存储过程的修改和删除。最后介绍触发器的创建，触发器的修改、删除、重命名等。

项目一 数据完整性概述

数据完整性概述。

任务1 数据完整性概述

数据完整性的定义和分类。

任务分析

掌握数据完整性的定义和分类。

任务实施

数据完整性是指数据的准确性和一致性，是防止数据库中存在不符合语义规定的数据和防止因错误信息的输入输出造成无效操作而提出的。数据完整性主要分为4类：实体完整性、域完整性、引用完整性和用户定义完整性。通过默认值定义、check约束、primary key约束、unique约束、foreign key约束、not null约束等来实施数据完整性。

1. 实体完整性

实体完整性规定表的每一行在表中是唯一的。实体表中定义的索引、unique约束、primary key约束和identity属性就是实体完整性的体现。

2. 域完整性

域完整性是指数据库表中的列必须满足某种特定的数据类型或约束，其中约束又包括取值范围和精度等规定。表中的check约束、foreign key约束、default约束、not null 约束和规则都属于域完整性的范畴。

3. 引用完整性

引用完整性是指两张表的主关键字和外关键字的数据应对应一致。它确保了主关键字的表中对应其他表的外关键字的行存在，即保证了表之间的数据的一致性，防止了数据丢失或无意义的数据在数据库中扩散。引用完整性是创建在外关键字和主关键字之间或外关键字和唯一性关键字之间的关系上。实施引用完整性时，将阻止用户执行下列操作：

- 在主表中没有关联的记录时，将记录添加或更改到相关表中。
- 在更改主表中的值，这会导致相关表中生成孤立记录。
- 从主表中删除记录，但仍存在与该记录匹配的相关记录。

foreign key 约束和 check 约束都属于引用完整性。

4. 用户定义完整性

用户定义完整性指的是由用户指定的一组规则，它不属于实体完整性、域完整性或引用完整性。create table 中的所有列级和表级约束、存储过程和触发器都属于用户定义完整性。

注释：

- 添加约束可以使用 create table 在创建表时创建，也可以使用 alter table 修改表时添加。
- 使用 alter table 添加约束时，使用“with nocheck”选项可以实现对表中已有的数据不强制应用约束（check 和 foreign key）。
- 使用 alter table 添加约束时，使用“with nocheck”选项可以实现禁止在修改和添加数据时应用约束（check 和 foreign key）。
- 删除约束只能使用 alter table 语句完成。

主要测评项目		学生自评			
		A	B	C	D
专业知识	数据完整性的定义和分类				
小组配合	讨论数据完整性的定义和分类				
小组评价	掌握数据完整性的定义和分类				
教师评价	掌握数据完整性的定义和分类				

项目二 数据完整性的实现

学习目标

- 允许空值约束。
- default 约束。
- check 约束。
- primary key 约束。
- foreign key 约束。
- unique 约束。

任务 1 允许空值约束

任务描述

空值约束的定义和使用。

任务分析

掌握空值约束的定义和使用。

任务实施

列为空决定表中的行是否可让该列包含空值。null(空值)不同于 0(零)、空白或长度为 0 的字符串(如"")。null 的意思是没有输入,出现 null 通常表示值未知或未定义。not null 约束说明列值不允许为 null。当插入或修改数据时,设置了 not null 约束的列的值不允许为空,必须存在具体的值。

例 6-1 管理 student 表中的列的 not null 约束。

步骤如下:

（1）打开 SSMS，进入 student 表的新建或修改状态，如图 6－1 所示。

LP\LPLPLP.st - dbo.student		
列名	数据类型	允许 null 值
学号	char(8)	☐
姓名	char(10)	☑
性别	char(2)	☑
出生日期	datetime	☑
所在系	varchar(20)	☑
手机号码	char(11)	☑
家庭地址	nvarchar(50)	☑

图 6－1　创建 not null 约束(1)

（2）在表设计器的“允许 null 值”选项中，将需要创建 not null 约束的列的“√”去掉。也可以在“列属性”指定区域中更改“允许 null 值”的值（是或否），如图 6－2 所示。设置完成后，单击“X”按钮，完成“允许空值约束”的设置并保存。

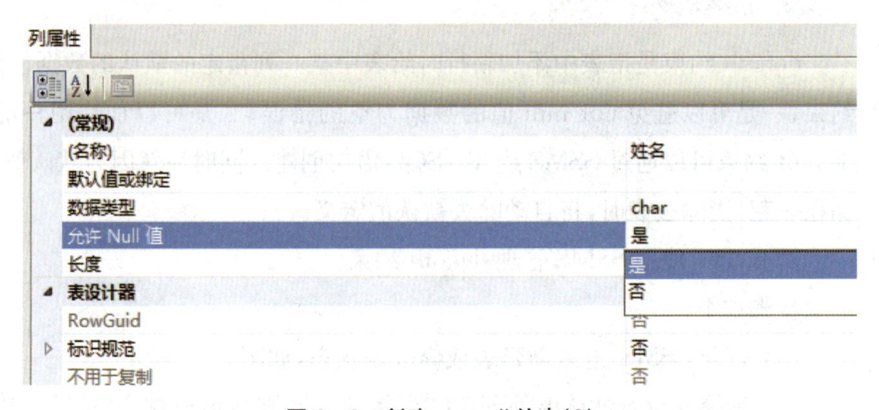

图 6－2　创建 not null 约束(2)

例 6－2　使用 T－SQL 语句将 student 表的手机号码列指定 not null 约束。

```
alter table student alter column 手机号码 char(11) not null
```

任务评价

主要测评项目		学生自评			
		A	B	C	D
专业知识	空值约束的定义和使用				
小组配合	讨论空值约束的定义和使用				
小组评价	掌握空值约束的定义和使用				
教师评价	掌握空值约束的定义和使用				

任务 2
default 约束

任务描述

default 约束的定义和使用。

任务分析

掌握 default 约束的定义和使用。

任务实施

default 约束是指表中添加新行时给表中某一列指定的默认的数据。使用 default 约束，一是可以避免 not null 值的数据为空的错误；二是可以加快用户的输入速度。default 约束可以通过 SSMS 或 T－SQL 语句创建。同时注意因为默认值定义和表存储在一起，当除去表时，将自动除去默认值定义。

例 6－3 使用 SSMS 管理 default 约束。

步骤如下：

（1）打开 SSMS，进入新建表或修改表状态，如图 6－1 所示。

（2）选择要设置默认值的列，在“列属性”的“默认值或绑定”选项中输入默认值。例如，为 student 表的性别设置默认值“男”，以后往该表插入数据时，如果不指定性别的值，默认值为“男”，如图 6－3 所示。设置完成后，单击“X”按钮完成“default 约束”的设置并保存。

图 6－3 创建默认值

如果要删除默认值，在图 6－3 所示的表的设计界面中将指定列的默认值删除即可。

也可以在 SSMS 中删除约束名，通过“表”→“约束”→“约束名”。

例 6－4 使用 T－SQL 语句管理 default 约束。

使用 T－SQL 创建 default 约束的语句格式如下：

constraint 约束名 default 默认值

完成语句如下：

```
create table [dbo].[student11](
    [学号] [char](8) not null primary key,
    [姓名] [char](10) null,
    [性别] [char](2) null default '男',
    [出生日期] [datetime] null,
    [所在系] [varchar](20) null,
    [手机号码] [char](11) null,
    [家庭地址] [nvarchar](50) null,
)
```

或者

```
create table [dbo].[student12](
    [学号] [char](8) not null primary key,
    [姓名] [char](10) null,
    [性别] [char](2) null constraint meren default '男',
    [出生日期] [datetime] null,
    [所在系] [varchar](20) null,
    [手机号码] [char](11) null,
    [家庭地址] [nvarchar](50) null,
)
```

注释：

- 若要修改 default 约束，必须首先删除现有的 default 约束，然后重新创建。
- 默认值必须要数据类型匹配。

任务评价

主要测评项目		学生自评			
		A	B	C	D
专业知识	default 约束的定义和使用				
小组配合	讨论 default 约束的定义和使用				
小组评价	掌握 default 约束的定义和使用				
教师评价	掌握 default 约束的定义和使用				

任务 3 check 约束

任务描述

check 约束的定义和使用。

任务分析

掌握 check 约束的定义和使用。

任务实施

check 约束限制输入一列或多列中的可能值，从而保证数据库中数据的域完整性。一张表可以定义多个 check 约束。

例 6-5 使用 SSMS 管理 check 约束，使性别只能为“男”或“女”。

步骤如下：

(1) 打开 SSMS，进入新建表或修改表状态。

(2) 右键单击要设置 check 约束的列（如 student 表的性别字段），在弹出式菜单中选择“check 约束”，如图 6-4 所示。

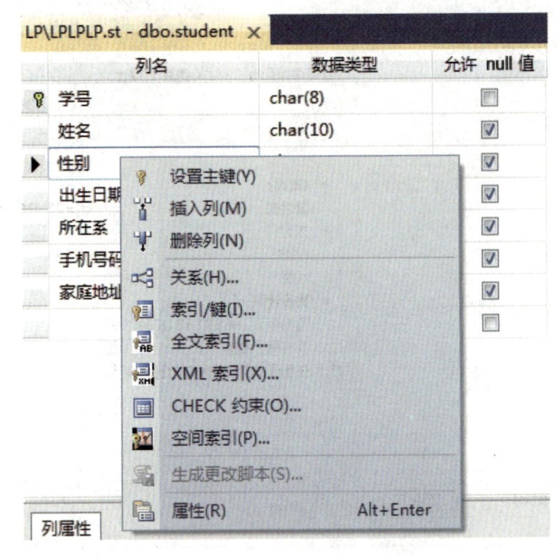

图 6-4　选择“check 约束”

(3) 打开“check 约束”对话框，如图 6-5 所示。如果表中有约束，则会在对话框中显示。

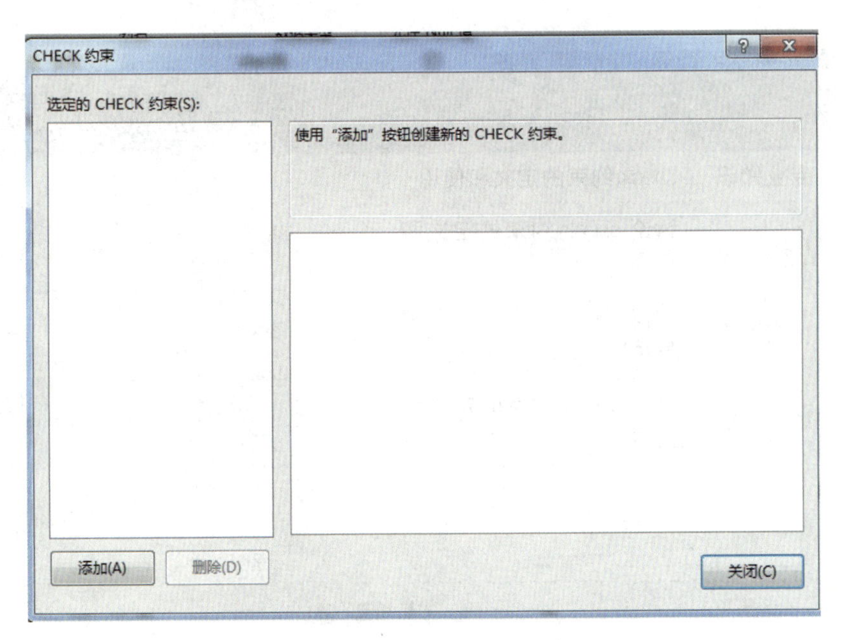

图 6-5　“check 约束”对话框

(4) 单击“添加”按钮，进入约束编辑状态，如图 6-6 所示。

(5) 单击“关闭”按钮完成约束的创建并保存。

(6) check 约束创建成功后，也可以在 SSMS 中删除约束名，通过“表”→“约束”→“约束名”。

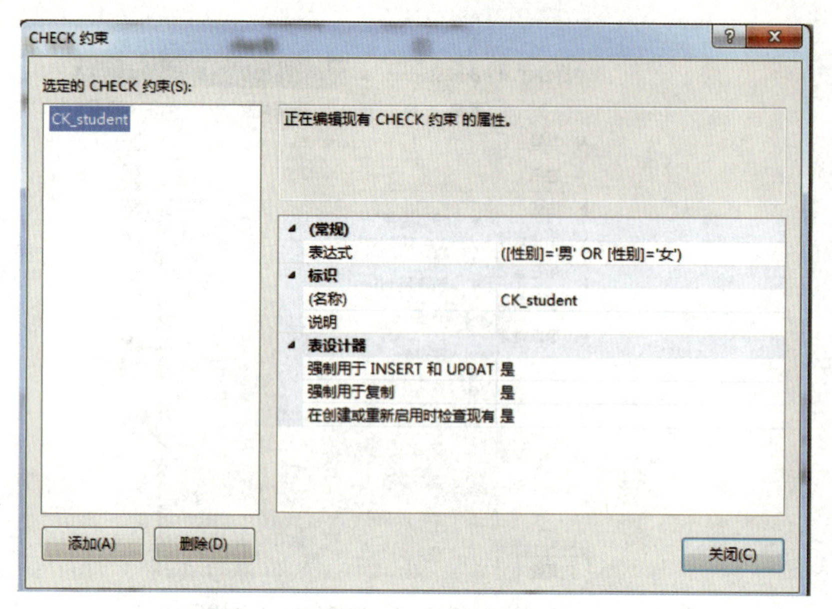

图 6-6　添加约束

任务评价

主要测评项目		学生自评			
		A	B	C	D
专业知识	check 约束的定义和使用				
小组配合	讨论 check 约束的定义和使用				
小组评价	掌握 check 约束的定义和使用				
教师评价	掌握 check 约束的定义和使用				

任务 4
primary key 约束

任务描述

primary key 约束的定义和使用。

任务分析

掌握 primary key 约束的定义和使用。

任务实施

表通常具有包含唯一标识表中每一行的一列或多列，这样的一列或多列称为表的主键。创建唯一索引保证指定列的实体完整性，列的空值属性必须定义为 not null，primary key 约束可以应用于表中一列或多列。

例 6-6 使用 SSMS 管理 primary key 约束。

步骤(省略)。

例 6-7 使用 T-SQL 管理 primary key 约束。

```
create table [dbo].[student](
    [学号] [char](8) not null primary key,
    [姓名] [char](10) null,
    [性别] [char](2) null,
    [出生日期] [datetime] null,
    [所在系] [varchar](20) null,
    [手机号码] [char](11) null,
    [家庭地址] [nvarchar](50) null,
)
```

或者

```
create table [dbo].[student](
    [学号] [char](8) not null,
    [姓名] [char](10) null,
    [性别] [char](2) null,
    [出生日期] [datetime] null,
    [所在系] [varchar](20) null,
    [手机号码] [char](11) null,
    [家庭地址] [nvarchar](50) null,
    constraint pk_student13 primary key(学号)
)
```

任务评价

主要测评项目		学生自评			
		A	B	C	D
专业知识	primary key 约束的定义和使用				
小组配合	讨论 primary key 约束的定义和使用				
小组评价	掌握 primary key 约束的定义和使用				
教师评价	掌握 primary key 约束的定义和使用				

任务 5
foreign key 约束

任务描述

foreign key 约束的定义和使用。

任务分析

掌握 foreign key 约束的定义和使用。

任务实施

foreign key 约束为表中一列或多列数据提供参照完整性，限制插入表中被约束列的值必须在被参照表中已经存在。实施 foreign key 约束时，要求在被引用表中定义了 primary key 约束或 unique 约束。

例 6－8 使用 SSMS 管理 foreign key 约束。

步骤如下：

（1）打开 SSMS，进入新建表或修改表状态。

（2）右键单击表 sc 的编辑区域，在弹出式菜单中选择“关系”命令，如图 6－7 所示。

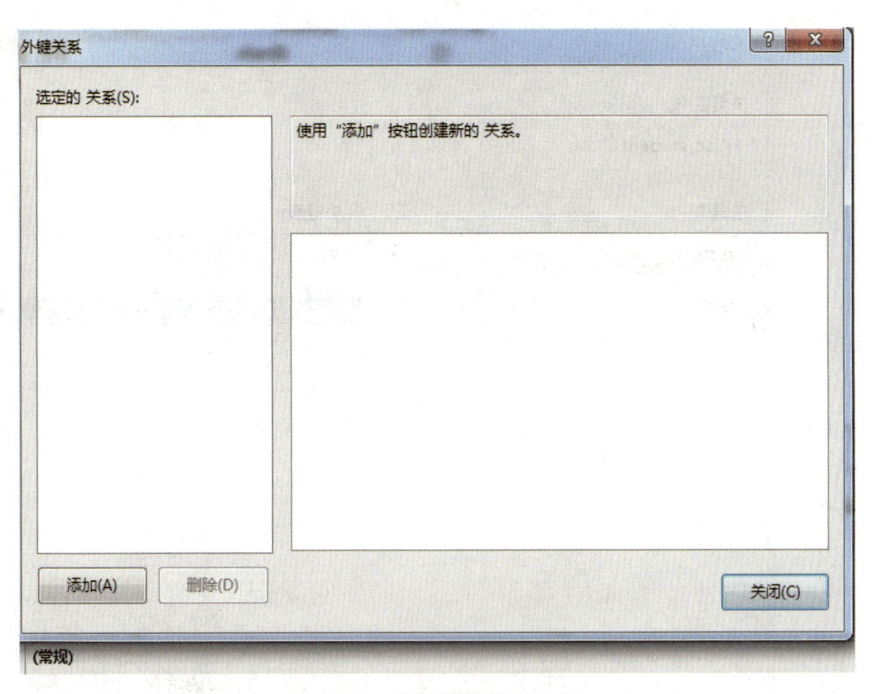

图 6-7 “外键关系”对话框

(3) 打开“外键关系”对话框，选择“添加”按钮后，进入外键编辑状态，如图 6-8 所示。

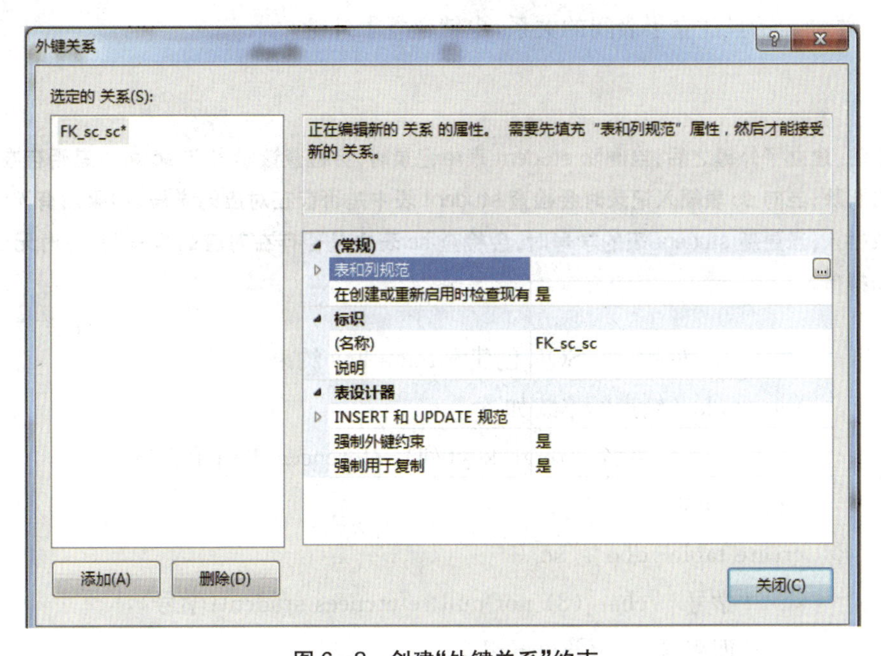

图 6-8 创建“外键关系”约束

(4) 单击“表和列规范”右边的按钮，进入“表和列”设置对话框，分别选择主键表和外键以及列，如图 6-9 所示。

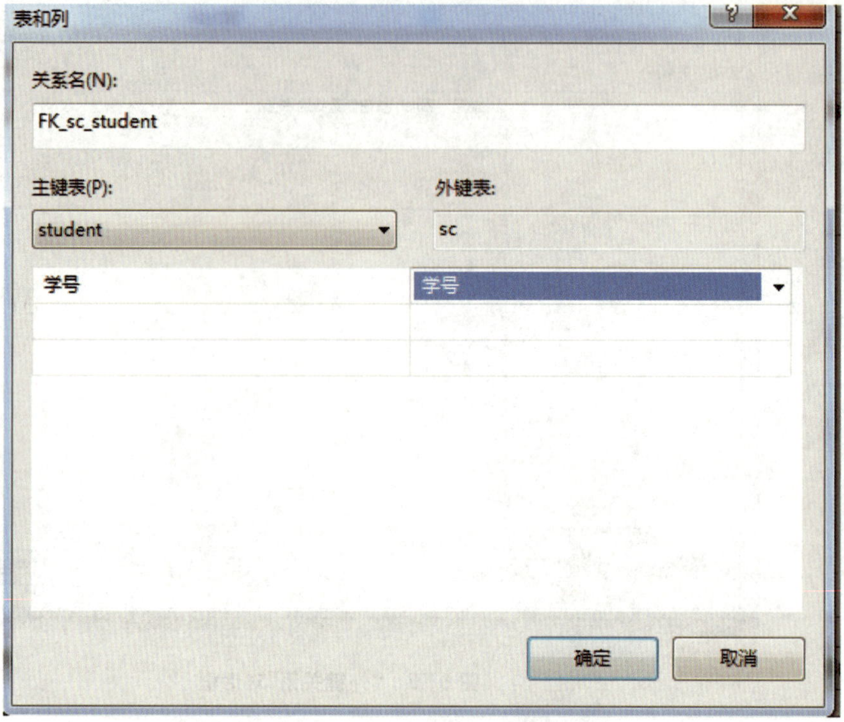

图 6-9　关系“表和列”设置对话框

(5) 设置完成之后，单击“确定”按钮，再单击“关闭”按钮，并保存，完成“关系”的添加。一旦建立了表间的关系，也就建立了外键。

备注：建立了外键之后，当删除 student 表中记录时，会检查该学号在 sc 表中是否存在，存在无法删除；当向 sc 表插入记录时会检查 student 表中是否存在对应的学号，如果没有无法完成记录插入；当更新 student 表的学号时，会检查 sc 表中是否存在对应的学号，存在时无法完成更新操作。

例 6-9　使用 T-SQL 创建 foreign key 约束。

foreign key 约束的格式如下：

constraint 约束名 foreign key(列) references 被引用表(列)。

完成语句如下：

```
create table [dbo].[sc](
    [学号] [char](8) not null references student(学号),
    [课程号] [int]not null,
    [成绩] [int]null,
constraint [PK_sc] primary key clustered
(
```

```
    [学号],
    [课程号]
  )
)
```

注释:若外键创建好之后,在表下的键中有显示,若需要删除时可以将其删除。

任务评价

主要测评项目		学生自评			
		A	B	C	D
专业知识	foreign key 约束的定义和使用				
小组配合	讨论 foreign key 约束的定义和使用				
小组评价	掌握 foreign key 约束的定义和使用				
教师评价	掌握 foreign key 与 primary key 的区别和联系				

任务 6 unique 约束

任务描述

unique 约束的定义和使用。

任务分析

掌握 unique 约束的定义和使用。

任务实施

确保在列中不输入重复值保证一列或多列的实体完整性,每个 unique 约束要创建一个唯一索引,SQL Server 允许为一张表创建多个 unique 约束。

定义 unique 约束的格式如下：

constraint 约束名 unique(列或列的组合)

例 6-10 为了保证 student 表中姓名不能重复，为姓名列创建 unique 约束。

```
create table [dbo].[student](
    [学号] [char](8) not null primary key,
    [姓名] [char](10) null unique,
    [性别] [char](2) null,
    [出生日期] [datetime] null,
    [所在系] [varchar](20) null,
    [手机号码] [char](11) null,
    [家庭地址] [nvarchar](50) null,
)
```

注释：删除时，在表设计器中单击右键，然后选中“索引/键”。

任务评价

主要测评项目		学生自评			
		A	B	C	D
专业知识	unique 约束的定义和使用				
小组配合	讨论 unique 约束的定义和使用				
小组评价	掌握 unique 约束的定义和使用				
教师评价	掌握 unique 约束的定义和使用				

项目三 存储过程

学习目标

- 存储过程的创建。
- 存储过程的调用。
- 存储过程的修改和删除。

任务1 存储过程基础

任务描述

存储过程的功能和分类。

任务分析

掌握存储过程的功能和分类。

任务实施

SQL Server 提供的一种方法，它可以将一些固定的操作集中起来由 SQL Server 数据库服务器来完成，以实现某个任务，这种方法就是存储过程。存储过程具备以下功能：

(1) 包含用于在数据库中执行操作(包含调用其他过程)的编程语句。

(2) 接受输入参数，并以输出参数的格式向调用过程或批处理返回多个值。

(3) 向调用过程或批处理返回状态值，以指明成功或失败(以及失败的原因)。

在 SQL Server 中使用存储过程而不使用在客户端计算机本地的 T-SQL 程序的优点如下：

(1) 加快系统运行速度。存储过程只在创建时进行编译，以后次执行存储过程都不再需要再重新编译，而一般 SQL 语句每执行一次就编译一次，所以使用存储过程可提高数据库执行速度。

(2) 封装复杂操作。当对数据库进行复杂操作时(如对多张表进行 update、insert、delete 时),可用存储过程将此复杂操作封装起来与数据库提供的事务处理结合一起使用。

(3) 实现代码重用。可以实现模块化程序设计,存储过程一旦创建,以后即可在程序中任意调用多次。这可以改进应用程序的可维护性,并允许应用程序统一访问数据库。

(4) 增强安全性。可设定特定用户具有对指定存储过程的执行权限而不具备直接对存储过程中引用的对象具有权限;可以强制应用程序的安全性;参数化存储过程有助于保护应用程序不受 SQL 注入式攻击。

(5) 减少网络流量。因为存储过程存储在服务器上,并在服务器上运行,一个需要数百行 T-SQL 代码的操作可以通过一条执行过程代码的语句来执行,而不需要在网络中发送数百行代码,这样就可以减少网络流量。

存储过程的分类,存储过程分为 5 类:系统存储过程、用户定义的存储过程、扩展存储过程、临时存储过程和远程存储过程。

(1) 系统存储过程。在安装 SQL Server 2012 时,系统创建了很多系统存储过程。系统存储过程存储在 master 和 msdb 数据库中,主要用从系统表中获取信息,系统存储过程的名字以"sp_"为前缀。

(2) 用户定义的存储过程。是由用户为完成某一特定功能而编写的存储过程。用户定义的存储过程存储在当前数据库中。用户存储过程又分为 T-SQL 存储过程和 CLR 存储过程。T-SQL 存储过程是指保存的 T-SQL 语句集合,可以接受和返回用户提供的参数。CLR 存储过程是指对 Microsoft .net 框架公共语言运行时(CLR)方法的引用,可以接受和返回用户提供的参数。它们在.net 框架程序集中作为类的公共静态方法实现的。

(3) 扩展存储过程。是对动态链接库(DLL)函数的调用,一般以"xp"为前缀。

(4) 临时存储过程。"#"开头表示本地临时存储过程,"##"开头表示全局临时存储过程,它们存储在 tempdb 数据库中。

(5) 远程存储过程。是在远程服务器的数据库中创建和存储的过程。这些存储过程可以被各种服务器访问,向具有相应许可权限的用户提供服务。

<table>
<tr><th colspan="2" rowspan="2">主要测评项目</th><th colspan="4">学生自评</th></tr>
<tr><th>A</th><th>B</th><th>C</th><th>D</th></tr>
<tr><td>专业知识</td><td>存储过程的功能和分类</td><td></td><td></td><td></td><td></td></tr>
</table>

续 表

主要测评项目		学生自评			
		A	B	C	D
小组配合	讨论存储过程的功能和分类				
小组评价	理解存储过程的功能和分类				
教师评价	掌握存储过程的功能和分类				

任务 2 存储过程的创建

任务描述

创建存储过程。

任务分析

掌握存储过程的创建。

任务实施

1. 格式

```
create procedure[架构名称.]存储过程名
[{@parameter 数据类型}
[=default]          --设置默认值。
[output]              --说明@parameter 定义的存储过程参数为一返回值。
[,…n]
[with encryption|recompile]        --对存储过程文本进行加密。
as
<SQL 语句>
]
```

2. 各参数含义

- @parameter 是过程中的参数。在 create procedure 语句中可以声明一个或多个参数。

- 如果定义了 default 值，则无需指定此参数的值即可执行过程。默认值必须是常量或 null。
- output 选项指示参数是输出参数。
- 如果创建存储过程时，使用 with encryption 子句，过程定义将以不可读的形式存储。
- <SQL 语句>指定过程要执行的操作。
- 可以在存储过程内引用临时表。

例 6－11 创建一个存储过程 aaa 用于显示学号为“114L0201”的学生基本信息（包括学生学号、姓名、性别和所在系）。

步骤如下：

（1）打开 SSMS，在“对象资源管理器”窗口，依次选择“st”→“可编程性”→“存储过程”结点。

（2）右击“存储过程”结点，从弹出式菜单中选择“新建存储过程”，如图 6－10 所示。

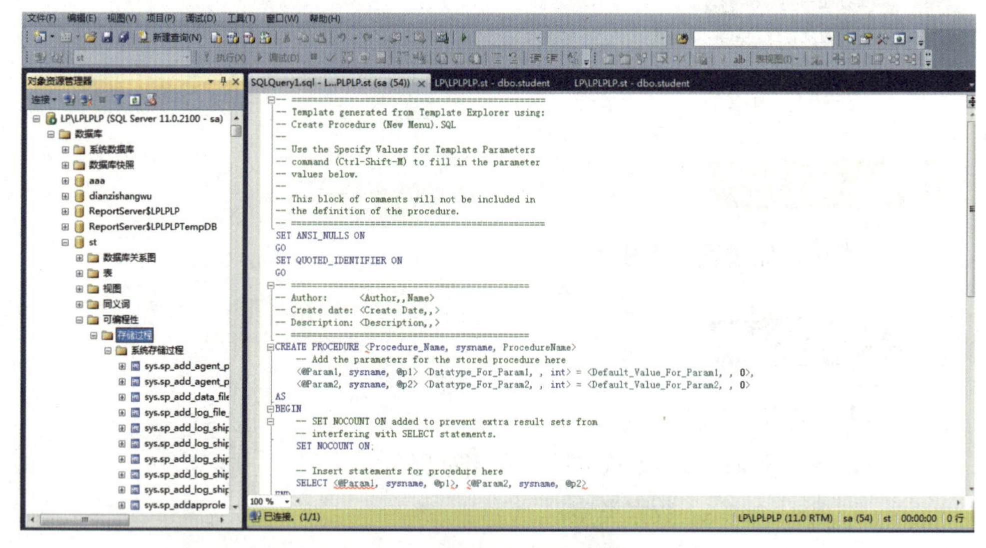

图 6－10　存储过程的编程窗口

（3）完整的 create procedure 语句如下：

```
create procedure aaa
as
  select 学号,姓名,性别,所在系
  from student
  where 学号='114L0201'
go
```

(4) 通过从“查询”菜单或工具栏选择“分析”命令来校验 SQL 的语法，根据“结果框”的提示，修正存在的错误或问题，直到提示“命令已成功完成”。

(5) 通过选择“查询”菜单或工具栏上的“执行”按钮完成创建存储过程。

任务评价

主要测评项目		学生自评			
		A	B	C	D
专业知识	创建存储过程				
小组配合	成果交流共享				
小组评价	能创建存储过程				
教师评价	能创建存储过程				

任务 3
存储过程的执行

任务描述

执行存储过程。

任务分析

掌握存储过程的执行。

任务实施

在 SSMS 中使用 execute 语句执行存储过程。

1. 格式

```
exec|execute
[@返回状态=][schema_name.]存储过程名称
    [@形参=]{value|@变量[output]|[default]}
    [,…n]
```

2. 各参数含义

- “@返回状态”是保存存储过程的返回状态。

- “@形参”是在定义存储过程时，定义的参数。在采用“@形参＝value”格式时，参数名称和常量不必按在存储过程中定义的顺序提供。但是，如果任何参数使用了“@形参＝value”格式，则对后续的所有参数均必须使用该格式。“value”是传递给存储过程的参数值。如果参数名称没有指定，参数值必须以在存储过程中定义的顺序提供。
- “@变量”：是用来存储参数或返回参数的变量。
- output：指定存储过程返回一个参数。
- default：根据存储过程的定义，提供参数的默认值。

例 6－12　执行刚才创建好的存储过程 aaa，显示学号为“114L0201”的学生基本信息（包括学生学号、姓名、性别和所在系）。

方法一：在 SSMS 中执行存储过程。

步骤如下：

(1) 打开 SSMS，在“对象资源管理器”窗口，依次选择“st”→“可编程性”→“存储过程”结点，就可以看见刚创建的存储过程 aaa，右击 aaa，在弹出式菜单中“执行存储过程”，就会弹出“执行过程”窗口。

(2) 使用“执行过程”窗口中，如果该过程具有参数，则这些参数将显示在网格中，可以在每个参数的“值”文本框中完成参数输入。

方法二：使用 SQL 命令。

在新建的查询窗口输入命令：execute aaa。

执行结果如图 6－11：

学号	姓名	性别	所在系
114L0201	刘莹	女	计算机系

图 6－11　执行结果

任务评价

主要测评项目		学生自评			
		A	B	C	D
专业知识	执行存储过程				
小组配合	成果交流共享				
小组评价	能正确执行存储过程				
教师评价	能正确执行存储过程				

任务 4
存储过程的参数和状态值

存储过程的参数和状态值。

任务分析

掌握存储过程的参数和状态值的使用。

1. 参数

存储过程的参数在创建时声明，SQL Server 支持两种参数：输入参数和输出参数。

（1） **输入参数**。

输入参数允许调用程序为存储过程传送数据值。要定义存储过程的输入参数，必须在 create procedure 语句中声明一个或多个变量及类型。在执行存储过程时，可以为输入参数传递参数值，或使用默认值。

例 6－13 创建一个有输入参数的存储过程 bbb，用于显示指定学号的学生基本信息（包括学生学号、姓名、性别、所在系）。执行该存储过程显示学号为 114L0202 的学生信息。

代码如下：

```
create procedure bbb
@num char(8)
as
  begin
    select 学号,姓名,性别,所在系
    from student
    where 学号=@num
  end
go
```

执行存储过程代码如下：

```
exec bbb @num='114L0202'
```

或

```
exec bbb '114L0202'
```

执行结果如图 6-12：

学号	姓名	性别	所在系
114L0202	施瑜娟	女	计算机系

图 6-12 执行结果

例 6-14 创建存储过程 ccc。根据学生学号查询学生的姓名、手机号码和所在系。

```
create proc ccc
@stsno char(8)
as
select 姓名,学号,手机号码,所在系
from student
where 学号=@stsno
go
execute ccc '114L0201'
```

运行结果如图 6-13：

姓名	学号	手机号码	所在系
刘莹	114L0201	13723333333	计算机系

图 6-13 运行结果

例 6-15 创建存储过程 ddd，根据课程名，检索选修某门课程的学生总人数。

```
create proc ddd
@cname varchar(20)=null
as
  if @cname is null
        print '请输入课程名'
  else
        select 课程名=课程名,学生选修人数=count(distinct 学号)
        from sc,course
        where course.课程号=sc.课程号 and course.课程名=@cname
        group by 课程名
```

```
    order by 课程名
go
execute ddd '数据库'
或
execute ddd @cname='数据库'
```

运行结果如图 6-14：

课程名	学生选修人数
数据库	6

图 6-14 运行结果

（2） **输出参数。**

输出参数允许存储过程将数据值返回给调用程序。output 关键字用来指出输出参数。

例 6-16 创建一个带输出参数的存储过程 eee，用于显示指定学号的学生各门课程的平均成绩，执行存储过程，返回学号为 114L0201 的学生的平均成绩。

```
if exists(select name from sysobjects where name='eee' and type='P')
  drop procedure eee
go
create procedure eee
  @num char(8),
@savg int output
as
begin
  select @savg=avg(成绩)
  from sc
  where 学号=@num
end
```

执行存储过程代码如下：

```
declare @savg_value int
exec eee '114L0201',@savg_value output
select @savg_value as 平均成绩
```

例 6-17 创建存储过程 fff，根据输入的学号和课程号，获得指定学号和课程号的课程成绩。

```
create proc fff
```

```
@sn char(8)='114L0201',
@cn int=2,
@gr int output
as
select 学号,课程号,成绩
from sc
where sc.学号=@sn and sc.课程号=@cn
select @gr=成绩
from sc
where sc.学号=@sn and sc.课程号=@cn
```

执行方式如下：

```
declare @g smallint
execute fff @sn='114L0201',@gr=@g output
select @g as 成绩
```

运行结果如图 6-15：

学号	课程号	成绩
114L0201	2	72

图 6-15 运行结果

注意下述写法是错误的，因为向变量赋值的 select 语句不能与数据检索操作结合起来。

```
select 学号,课程号,@gr=成绩
from sc
where sc.学号=@sn and sc.课程号=@cn
```

2. 返回值

存储过程可以返回整型状态值，表示过程是否成功执行，或者过程失败的原因。如果存储过程没有显示设置返回代码的值，SQL Server 默认返回代码为 0，表示成功执行；若返回－99 到－1 之间的整数，表示没有成功执行。也可以使用 return 语句，用小于－99 或大于 0 之间的整数来定义自己的返回状态值，以表示不同的执行结果。在执行存储过程时，要定义一个变量来接收返回的状态值。

（1） return 语句格式。

return[返回整型值的表达式]

（2） 功能。

return 语句将无条件地从过程、批处理或语句块中退出。返回整型值。

例 6-18　创建存储过程 ggg,查询指定课程的最高成绩,如果最高成绩大于 85 分,则返回状态代码 1。否则返回状态代码 0。

```
create procedure ggg
@cno int
as
if (select max(成绩)
    from sc
    where 课程号=@cno)>85
    return 1
else
    return 0
```

执行存储过程如下:

```
declare @return_status int
exec @return_status=ggg @cno=1
select 'return status'=@return_status
```

运行结果如图 6-16:

return Status
1

图 6-16　运行结果

例 6-19　创建存储过程 delete_student_1,删除指定学号的数据信息。

```
if exists(select name from sysobjects where name='delete_student_1' and type='P')
  drop procedure delete_student_1
go
create procedure delete_student_1
@sno1 char(8)
as
delete from student
where 学号=@sno1
```

执行存储过程如下:

```
exec delete_student_1 '114L0209'
```

例 6-20　创建存储过程 update_student_1,修改指定学号的数据信息。

```
create procedure update_student_1
```

```
@sno1 char(8),
@sno2 char(8),
@sname char(10),
@sex char(2),
@birthday datetime,
@department varchar(20),
@phone char(11),
@home nvarchar(50)
as
update student
set 学号=@sno2,
    姓名=@sname,
    性别=@sex,
    出生日期=@birthday,
    所在系=@department,
    手机号码=@phone,
    家庭地址=@home,
where 学号=@sno1。
```

执行存储过程如下：

exec update_student_1 '114L0201','114L0201','李丽','女','1995-2-12','汽车系','13111111111','浙江杭州'

任务评价

主要测评项目		学生自评			
		A	B	C	D
专业知识	存储过程的参数和状态值				
小组配合	成果交流共享				
小组评价	掌握输入参数和输出参数的区别和联系				
教师评价	掌握存储过程的参数和状态值				

任务 5
存储过程的修改

修改存储过程。

任务分析

掌握存储过程的修改。

1. 格式

alter procedure[架构名称.]存储过程名

[@parameter 数据类型]

[=default]　　　--设置默认值。

[output]　　　　　--说明@parameter 定义的存储过程参数为一返回值。

[,…n]

[with encryption|recompile]　　　--对存储过程文本进行加密。

[for replication]

as<SQL 语句>

2. 功能

其语法和 create procedure 很相似。

例 6-21　现在我们就来修改刚才在例 6-16 中创建好的存储过程 eee,用于显示指定学号的学生各门课程的最高成绩,执行该存储过程返回学号为 114L0201 的学生的最高成绩。

步骤如下:

(1) 打开 SSMS,在“对象资源管理器”窗口,依次选择“st”→“可编程性”→“存储过程”结点右击要修改的存储过程 eee,在弹出式菜单中选择“修改”,右边弹出可编程窗口。

(2) 在可编程窗口输入代码,完整的 alter procedure 语句如下:

```
alter procedure dbo. eee
   @num char(8),@max int output
as
```

```
begin
    select @max=max(成绩)
    from sc
    where 学号=@num
end
```

(3) 完成 alter procedure 语句后，通过从查询菜单或工具栏选择“分析”命令，检查语法。

(4) 通过从查询菜单或工具栏选择“执行”命令完成修改存储过程。

任务评价

主要测评项目		学生自评			
		A	B	C	D
专业知识	修改存储过程				
小组配合	成果交流共享				
小组评价	正确修改存储过程				
教师评价	正确编写存储过程的修改代码				

任务 6 存储过程的删除

任务描述

删除存储过程。

任务分析

掌握存储过程的删除。

任务实施

1. 格式

drop procedure {存储过程名}[,…n]

2. 功能

从当前数据库中删除一个或多个存储过程或过程组。

例 6-22 现在我们就来删除刚才在例 6-16 中创建的存储过程 eee。

方法一：在 SSMS 中删除存储过程。

方法二：使用 SQL 命令。

新建一个查询窗口，在里面输入命令：

```
drop procedure eee
```

例 6-23 建立存储过程 sc_add，向选课表 sc 中插入一条记录。

```
create procedure sc_add
(@grade int,@cno int,@sno char(8))
as
begin
    insert into sc(成绩,课程号,学号) values(@grade,@cno,@sno)
end
go
```

执行存储过程代码如下：

```
execute sc_add 80,2,'114L0207'
```

任务评价

主要测评项目		学生自评			
		A	B	C	D
专业知识	删除存储过程				
小组配合	成果交流共享				
小组评价	删除存储过程				
教师评价	正确编写存储过程的删除代码				

任务 7
查看存储过程的定义

任务描述

查看存储过程的定义。

任务分析

查看存储过程的定义。

任务实施

方法一：在 Management Studio 中查看存储过程的定义。

方法二：使用系统存储过程。

1. sp_help

格式：sp_help[[@objname=]name]

2. sp_helptext

格式：sp_helptext[[@objname=]name]

例 6-24 利用系统存储过程查看创建好的存储过程 eee。

```
sp_help eee
go
sp_helptext eee
go
```

任务评价

主要测评项目		学生自评			
		A	B	C	D
专业知识	查看存储过程的定义				
小组配合	成果交流共享				
小组评价	查看存储过程的定义				
教师评价	查看存储过程的定义				

项目四
触发器

- 触发器的创建。
- 触发器的修改、删除、重命名。

任务 1 触发器简介

任务描述

触发器的功能和分类。

任务分析

掌握触发器的功能和分类。

任务实施

触发器是特殊的存储过程，也定义了一组 T-SQL 语句，用于完成某项任务。但存储过程的执行是通过过程名字直接调用的，而触发器主要通过事件进行出发而被执行的。常见的触发器事件就是对数据表的插入(insert)、删除(delete)和更新(update)操作。

触发器类型主要分为 DML 触发器和 DDL 触发器(由 DDL 语句触发，这些语句主要是以 create、alter、drop 开头的语句)。本书只讲解 DML 触发器。

触发器的主要作用就是其能够实现由主外键所不能保证的复杂的参照完整性和数据的一致性，除此之外，主要表现在以下几个方面：

(1) 强化约束。触发器能够实现比 check 语句更为复杂的约束。在 check 约束中不允许引用其他表中的列实现数据完整性约束，而触发器却允许引用其他表中的列，当表同时具有约束和触发器时,SQL Server 2012 先执行约束检查,如果这些操作符合约束条件,系统将完成数据操作,然后激活触发器,否则,将撤消数据操作语句的执行。

(2) 跟踪变化。触发器能够侦测数据库内的操作,从而不允许数据库中未经许可的指定更新和变化。

(3) 级联运行。

(4) 保证参照完整性。触发器能够实现主键和外键约束所不能保证的参照完整性和数据一致性。

主要测评项目		学生自评			
		A	B	C	D
专业知识	触发器的功能和分类				
小组配合	讨论触发器的功能和分类				
小组评价	理解触发器的功能和分类				
教师评价	理解触发器的功能和分类				

任务 2
触发器的创建

触发器的创建。

任务分析

掌握触发器的创建。

1. 格式

create trriger[架构的名称.]触发器名　on 表名|视图

[with encryption]　　--对文本进行加密。

{for|after|instead of}[delete] [,insert] [,update]

as

[SQL 语句]

2. 参数含义

- 视图只能被 instead of 触发器引用。
- after:指定触发器只有在触发 SQL 语句中指定的所有操作都已成功执行后才激发。
- instead of:指定执行触发器而不是执行“触发 SQL 语句”,从而替代“触发语句”的操作。对于表或视图,每个 insert、update 或 delete 语句最多可定义一个 instead of 触发器。
- SQL 语句:指定触发器要执行的操作,多于一个语句时,用 begin 和 end 括起来。
- SQL Server 建立和管理两个临时的虚拟表(内存中的表,只读):deleted 逻辑表和 inserted 逻辑表。当向表中插入数据时,insert 触发器触发执行,并将新记录插入 inserted 表中;当从表中删除一条记录时,被删除的记录存放在 deleted 表中。对于 update 操作,SQL Server 先将更新前的记录存储在 deleted 表中,然后再将更新后的新记录存储在 inserted 表中。
- create trigger:必须是批处理中的第 1 条语句,并且只能应用到一张表中。

例 6-25 在学生选课表 sc 上创建一个触发器 a1,该触发器被 insert 操作触发,当用户向 sc 表插入一条新记录时,判断该记录的学号在学生表 student 中是否存在,如果存在插入成功,否则插入失败。

方法一:使用 SSMS 创建触发器。

步骤如下:

(1) 打开 SSMS,在“对象资源管理器”窗口中,选择“st”,依次“表”→“sc”→“触发器”结点。

(2) 右击“触发器”结点,在弹出式菜单中选择“新建触发器”命令,此时右边出现一个可编程窗口,如图 6-17 所示。

方法二:使用 SQL 语句创建触发器。

```
create trigger a1
on sc
after insert
as
begin
if(select count(*) from inserted join student on inserted.学号=student.学号)=0
        begin
                rollback tran
```

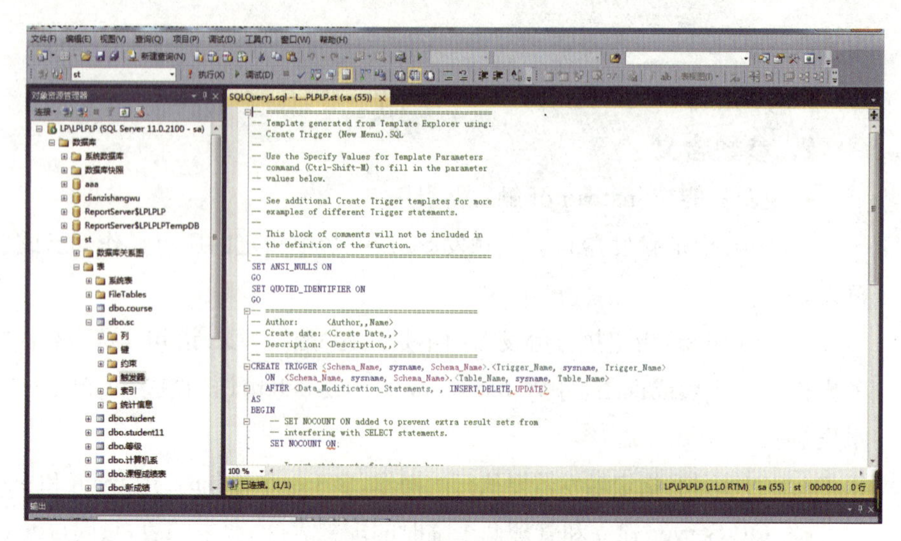

图 6-17 触发器编程窗口

```
            print '插入记录无效'
        end
    end
```

(1) 完成 create trigger 语句后,通过查询菜单或工具栏的"分析"命令检查是否存在错误。

(2) 当没有错误时,选择查询菜单或工具栏的"执行"命令完成触发器的创建。创建成功后,在"对象资源管理器"窗口中,选择"st",依次"表"→"sc"→"触发器"结点,便可看到 a1 触发器。

例 6-26 新建一触发器 a2,如果修改、插入和删除学生基本信息表 student 中的任何数据,则将向客户显示一条信息"不得对数据表进行任何修改"。

```
create trigger a2
on student
for insert,update,delete
as
begin
    raiserror('不得对数据表进行任何修改',16,10)
    rollback transaction
end
```

例 6-27 在学生表 student 上创建一个触发器 a3,该触发器被 delete 操作触发。当用户向学生表 student 删除一条记录时,判断该记录的学号在学生选课数据表 sc 中是否存在,如果不存在,允许删除,否则不允许删除该学生信息。

```
if exists(select name from sysobjects where name='a3' and type='tr')
  drop trigger a3
```

```
go
create trigger a3
on student
after delete
as
begin
if (exists(select * from deleted join sc on deleted.学号=sc.学号))
        begin
          rollback tran
          print '不允许删除该学生信息'
        end
end
```

例 6-28 在学生表 student 上创建一个触发器 a4,该触发器被 update 操作触发。当用户在学生表 student 修改一条学生记录的学号时,同时自动更新学生选课数据表 sc 中相应的学号。

```
create trigger a4
on student
after update
as
begin
      update sc
      set 学号=(select 学号 from inserted)
      where 学号 in (select 学号 from deleted)
end
```

例 6-29 创建一个触发器 a5,当插入或更新学生信息时,该触发器检查指定修改或插入的数据的性别是否只是男或女;若不是,给出错误信息。

```
create trigger a5
on student
for insert,update
as
declare @s_sex char(2)
select @s_sex=student.性别
from student inner join inserted on student.学号=inserted.学号
if not ((rtrim(@s_sex)='男') or (rtrim(@s_sex)='女'))
      begin
```

```
        raiserror('性别只能是男或者女！不能是%s',16,1,@s_sex)
        rollback transaction
    end
```

例 6-30　创建一触发器 bbb,删除 student 表中的记录时,同时删除 sc 表中的相关联记录。

```
create trigger bbb
on student
for delete
as
begin
    delete from sc
    where sc.学号=(select 学号 from deleted)
end
```

例 6-31　创建触发器 aaa,当向 sc 表插入一条记录时,检查该记录的学号在 student 表中是否存在,检查课程号在 course 表中是否存在,若有一项为否,则不允许插入。

```
create trigger [dbo].[aaa]
on[dbo].[sc]
for insert
as
if exists (select *
from inserted b
where b.学号 not in (select student.学号
from student) or
b.课程号 not in (select course.课程号
from course))
begin
raiserror('违背数据的一致性',16,1)
rollback transaction  --撤消刚才的操作,恢复到原来的状态。
end
```

例 6-32　为 student 表创建一个触发器 ccc,当删除表 student 中的一条学生记录时,检查 sc 表中是否存在相同学生的选课成绩,如果有,则不允许删除此记录。

```
create trigger[dbo].[ccc]
on[dbo].[student]
for delete
as
```

```
if exists (select *
from deleted a
where a.学号 in (select sc.学号
from sc)
)
begin
raiserror('因为在成绩表中存在这个学生信息,不得删除该条记录',16,1)
rollback transaction
end
```

任务评价

主要测评项目		学生自评			
		A	B	C	D
专业知识	触发器的创建				
小组配合	成果交流共享				
小组评价	正确创建触发器				
教师评价	掌握编写代码创建触发器				

任务 3 raiserror 语句

任务描述

raiserror 的使用。

任务分析

raiserror 的使用。

任务实施

1. 格式

raiserror ({msg_id|msg_str}{,严重级别,状态}

2. 功能

- msg_id 是存储于 sysmessages 表中的用户定义的错误信息号。用户定义错误信息的错误号应大于 50 000。
- msg_str 是一条特殊消息，此错误信息最多可包含 400 个字符。如果该信息包含的字符超过 400 个，则只能显示前 397 个并将添加一个省略号以表示该信息已被截断。
- 与消息关联的严重级别。用户可以使用从 0～18 的严重级别。
- 状态是从 1～127 的任意整数，默认为 1，表示有关错误调用状态的信息。

任务评价

主要测评项目		学生自评			
		A	B	C	D
专业知识	raiserror 的使用				
小组配合	成果交流共享				
小组评价	正确使用 raiserror				
教师评价	掌握 raiserror 的使用				

任务 4
修改触发器

触发器的修改。

修改触发器。

1. 格式

```
alter trriger[架构的名称.]触发器名 on 表名|视图
[with encryption]      --对文本进行加密。
{for| after|instead of}[delete] [,insert] [,update]
as
```

[SQL 语句]

2. 功能

修改触发器,各选项的功能与创建触发器的命令一样。

例 6-33 修改刚才在例 6-25 中创建好的触发器 a1,该触发器被 insert 操作触发,当用户向 sc 表插入一条新记录时,判断该记录的学号在学生基本信息表 student 中是否存在,如果存在插入成功,否则插入失败;同时判断该记录的课程号在课程表 course 中是否存在,如果存在插入成功,否则插入失败。

```
alter trigger a1
on dbo.sc after insert
as begin
if((select count(*) from inserted join student on inserted.学号=student.学号
join course on inserted.课程号=course.课程号)=0)
    begin
        rollback tran
        print '插入记录无效!'
    end
end
```

主要测评项目		学生自评			
		A	B	C	D
专业知识	触发器的修改				
小组配合	成果交流共享				
小组评价	正确修改触发器				
教师评价	掌握触发器修改代码的编写				

任务 5 删除和重命名触发器

触发器的删除和重命名。

任务分析

掌握触发器的删除和重命名。

任务实施

1. 删除触发器

（1）格式。

drop trigger 触发器名[…n]。

（2）功能。

删除指定触发器。

例 6 - 34　现在我们就来删除刚才创建好的触发器 a3。

```
drop trigger a3
```

2. 重命名触发器

（1）格式。

sp_rename oldname,newname

（2）功能。

将原触发器名更改为新的触发器名。

例 6 - 35　将创建的触发器 aaa 的名称修改为 ddd。

```
sp_rename aaa,ddd
```

任务评价

主要测评项目		学生自评			
		A	B	C	D
专业知识	触发器的删除和重命名				
小组配合	成果交流共享				
小组评价	学会触发器的删除和重命名				
教师评价	学会触发器的删除和重命名				

习题 6

一、选择题

1. 在数据库中，可以有(　　)个主键。

(A) 1　　(B) 2　　(C) 3　　(D) 4

2. 以下关于 foreign key 约束的表述,不正确的是(　　)。

(A) 体现数据库中表之间的关系

(B) 实现参照完整性

(C) 以其他表 primary key 约束和 unique 约束为前提

(D) 每张表必须定义

3. 删除触发器 aaa 的正确命令是(　　)。

(A) delete trigger aaa　　(B) truncate trigger aaa

(C) drop trigger aaa　　(D) remove trigger aaa

4. 系统存储过程在系统安装时就创建,这些存储过程存放在(　　)系统数据库中。

(A) master　　(B) tempdb

(C) model　　(D) msdb

5. 关于存储过程的描述不正确的是(　　)。

(A) 存储过程实际上是一组 T-SQL 语句

(B) 存储过程预先编译存放在服务器的系统表中

(C) 存储过程独立于数据库而存在

(D) 存储过程可以完成某一特定的业务逻辑

二、名词解释

1. 实体完整性。

2. 参照完整性。

3. 触发器。

三、简答题

1. 讨论 SQL Server 是如何保证数据的完整性和一致性的。

2. 比较约束和触发器的异同。

3. 比较触发器和存储过程的异同。

实训 6

存储过程和触发器

一、实训目的

1. 掌握 SQL Server 中创建、执行和管理存储过程的方法。

2. 掌握 SQL Server 中创建、管理触发器的方法。

二、实训要求

保存实训结果到文本文档。

三、实训步骤

存储过程题目如下：

1. 创建存储过程名为 procedure_1，实现以下功能：根据学生学号，查询学生的选课情况，包括学生学号、姓名、性别、成绩、课程号和课程名。执行该存储过程，查询学号为 114L0201 的学生的选课情况。
2. 创建存储过程名为 procedure_2，实现以下功能：根据课程号，查询某门课程的选课学生情况，包括学生课程号、课程名、学号、姓名、性别和所在系。执行该存储过程，查询课程号为 3 的选课学生情况。
3. 创建向课程数据表 course 添加新记录的存储过程 courseadd。
4. 创建修改课程数据表 course 中记录的存储过程 courseupdate。
5. 创建存储过程 coursedeleted，要求删除课程数据表 course 中指定课程号的记录。
6. 创建存储过程 avg_sc，查询指定课程的平均成绩，如果平均成绩大于 80 分，则返回状态代码 1；否则返回状态代码 2。
7. 显示存储过程 courseupdate 的参数、数据类型、存储过程源代码。
8. 新建一个名为 abc 的存储过程，用于查询指定课程不及格的学生的姓名和学号。
9. 将存储过程 courseupdate 的名称改为 course_update，删除 abc 存储过程。
10. 创建一个存储过程 abcd，查询数据库中指定同学（按学号）各门功课的成绩。显示时按照课程号顺序显示。

触发器题目如下：

11. 创建触发器名为 trigger_1，实现以下功能：当修改课程数据表 course 中的数据（包括插入、更新和删除操作），显示“课程表被修改了”。
12. 创建触发器名为 trigger_2，实现以下功能：当删除课程表 course 中某门课程的记录时，对 sc 表中所有有关此课程的记录删除。
13. 创建触发器名为 trigger_3，实现以下功能：当修改 course 表中某门课程的课程号时，对应 sc 表的课程号也做相应修改。
14. 创建触发器 course1_trigger，当向 sc 表插入一条记录时，要求新记录的课程号在 course 表中存在，如果不存在，则拒绝向 sc 表添加这条记录。
15. 创建触发器 course2_trigger，删除 course 表中的一条记录时，如果这条记录的课程号在 sc 表中存在，则不允许删除；否则可以删除。
16. 删除触发器 course2_trigger。
17. 创建触发器 sc_trigger，如果插入、修改和删除 sc 表中数据时，则向客户显示一条信息“不得对数据表进行任何修改！”。

模块七

事务和锁

本模块主要介绍事务和锁的概述和使用，事务概述、事务控制语句、事务模式和程序运行图，以及并发问题、锁类型、封锁协议、设置事务隔离级别、死锁预防和处理。

项目一
事务

- 事务概述。
- 事务控制语句。
- 事务模式。
- 程序运行图。

任务1
事务概述

事务概述。

任务分析

掌握事务定义和特性。

事务是 SQL Server 中的单个逻辑工作单元，也是一个操作序列。它包含了一组数据库操作命令，所有的命令作为一个整体一起向系统提交或撤消，如果某一事务成功，则在该事务中进行的所有数据修改均会提交，成为数据库中的永久组成部分。如果事务遇到错误且必须取消或回滚，则所有数据修改均会清除。因此，事务是一个不可分割的工作逻辑单元，在 SQL Server 中应用事务来保证数据库的一致性和可恢复性。一个逻辑工作单元必须具备 4 种特性，也叫做 ACID 属性。

(1) 原子性(atomicity)：事务必须是原子工作单元，对于其数据修改，要么全都执行，要么全不执行。

(2) 一致性(consistency):在事务完成时,必须使所有数据都保持一致状态。在相关数据库中,所有的规则都必须应用于事务的修改,以保持所有数据的完整性。

(3) 隔离性(isolation):由并发事务所作的修改必须与任何其他并发事务所作的修改隔离。事务查看数据时数据所处的状态,要么是另一并发事务修改它之前的状态,要么是另一事务修改之后的状态,事务不会查看中间状态的数据。

(4) 持久性(durability):事务完成之后,它对于系统的影响是永久性的。

在通过银行系统将一笔资金(100 000 元)从账户 A 转账到账户 B 操作中,可以清楚地体现事务的 ACID 属性:

(1) 原子性:从账户 A 转出 100 000 元,同时帐户 B 应该转入了 100 000 元。不能出现账户 A 转出了,但账户 B 没有转入的情况。转出和转入的操作是一体的。

(2) 一致性:转账操作完成后,账户 A 减少的金额应该和账户 B 增加的金额是一致的。

(3) 隔离性:在账户 A 完成转出操作的瞬间,往账户 A 中存入资金等操作是不允许的,必须将账户 A 转出资金的操作和往账户 A 存入资金的操作分开来做。

(4) 持久性:账户 A 转出资金的操作和账户 B 转入资金的操作一旦作为一个整体完成了,则会对账户 A 和账户 B 的资金余额产生永久的影响。

任务评价

主要测评项目		学生自评			
		A	B	C	D
专业知识	事务定义和特性				
小组配合	讨论和交流				
小组评价	掌握事务定义和特性				
教师评价	掌握事务定义和特性				

任务 2
事务控制语句

任务描述

事务控制语句。

任务分析

掌握事务控制语句的格式和功能。

任务实施

1. 定义事务的开始

（1）格式。

begin transaction[事务的名称 @变量]

（2）功能。

定义显式事务的开始，使全局变量@@trancount 的值加 1。

执行每个事务，根据当前事务隔离级别的设置情况，锁定资源，直到事务结束，使用命令 commit transaction 对数据库作永久的改动，如果发生错误，则用 rollback transaction 语句回滚所有改动。

2. 提交事务

（1）格式。

commit transaction [事务的名称 @变量]

commit [work]

（2）功能。

它使事务开始以来所执行的所有数据修改成为数据库的永久部分，也标志一个事务的结束。因此不能在发出 commit transaction 语句之后回滚事务。如果@@trancount 为 1，命令 commit transaction 释放连接占用的资源，并将变量@@trancount 减少到 0。如果@@trancount 大于 1，则 commit transaction 使@@trancount 按 1 递减。当@@trancount 为 0 时发出 commit transaction 将会导致出现错误，因为没有相应的 begin transaction。

3. 事务回滚

（1）格式。

rollback transaction[事务名称|保存点]

或

rollback work

（2）功能。

回滚到事务的起点或指定的保存点处，标志事务的结束。如果事务回滚到开始点，则全局变量@@trancount 的值减 1；如果只回滚到指定存储点，则@@trancount 的值不变。在存储过程中，不带事务名称和保存点名称的 rollback transaction 语句将所有语句回滚到最远的 begin transaction。

4. 设置保存点

（1）格式。

save transaction{保存点|@保存点变量}

（2）功能。

在事务内设置保存点。保存点定义事务可以返回的位置。

任务评价

主要测评项目		学生自评			
		A	B	C	D
专业知识	事务控制语句的格式和功能				
小组配合	讨论和交流				
小组评价	掌握事务控制语句的格式和功能				
教师评价	掌握事务控制语句的格式和功能				

任务3 事务模式

任务描述

事务模式的分类。

任务分析

掌握事务模式的分类和实例。

任务实施

1. 自动提交事务

系统默认每个 T－SQL 命令都是事务处理，由系统自动开始并提交。例如，

delete bookinfo 这是一条语句，它的作用是删除数据表 bookinfo 中所有记录，但它本身就构成一个事务。删除数据表 bookinfo 中的所有记录，要么全部删除成功，要么全部删除失败。

例 7－1 产生编译错误的批处理。

```
--第一个批处理
use library
go
--第二个批处理
create table testtran (t_id int primary key,t_name char(3))
go
--第三个批处理
insert into testtran values (1,'aaa')
insert into testtran values (2,'bbb')
insert into testtran valuse (3,'ccc')--语法错误
go
--第四个批处理
select * from testtran  --不返回任何行
go
```

例 7－2 产生运行错误的批处理。

```
use library
go
create table testtran (t_id int primary key,t_name char(3))
go
insert into testtran values (1,'aaa')
insert into testtran values (2,'bbb')
insert into testtran values (1,'ccc')--重复键值错误
go
select * from testtran  --返回第 1 条和第 2 条插入语句的记录
go
```

2. 显式事务

显式事务可以由用户在其中定义事务的启动和结束。事务以 begin transaction 语句开始，以 commit(提交)语句或 rollback(回退或撤消)语句结束。

3. 隐式事务

隐式事务是指在当前事务提交或回滚后，自动启动新事务。因此隐式事务不需要使用 begin transaction 语句开始，而只需要提交或回滚每个事务。隐式事务模式生成

连续的事务链。

```
set implicit_transactions {on|off}
```

如果设置为 on，set implicit_transactions 将连接设置为隐式事务模式。如果设置为 off，则使连接恢复为自动提交事务模式。

要查看 implicit_transactions 的当前设置，请运行以下查询。

```
declare  @implicit_transactions  varchar(3);
  set       @implicit_transactions='off';
if ((2 & @@options)=2)
  set @implicit_transactions='on';
select @implicit_transactions as implicit_transactions.
```

例 7-3 定义一事务 gengxin(未提交)，并将学生基本信息表 student 中不在"商务系"的学生的所在系改成"管理信息系"。

```
use st
begin transaction gengxin
go
update student
set 所在系='管理信息系'
where 所在系!='商务系'
go
```

以上代码可以将 student 表中不在汽车系的学生的系改成管理信息系，由于事务未提交，所以可以用 rollback 语句回滚未提交的事务。代码如下：

```
use st
begin transaction gengxin
go
update student
set 所在系='管理信息系'
where 所在系!='商务系'
rollback transaction gengxin
go
```

但是事务一旦成功提交，就无法用 rollback 语句回滚事务了，这说明 commit transaction 语句标志已提交成功的事务。

```
use st
begin transaction gengxin
go
update student
```

```
set 所在系='管理信息系'
where 所在系!='商务系'
commit transaction gengxin
go
```

例 7-4 读者编号为 0016584 的读者已注销，考虑到在 borrowreturn(借还)表中保存了该读者的借还纪录，出于一致性考虑，要求要么在读者表(readerinfo)和借还表(borrowreturn)中都删除该读者和借还信息，要么都不删除。

```
begin transaction
delete borrowreturn
where r_id='0016584'
delete readerinfo
where r_id='0016584'
commit transaction
```

任务评价

主要测评项目		学生自评			
		A	B	C	D
专业知识	事务模式的分类和代码的编写				
小组配合	讨论和交流				
小组评价	掌握事务模式的分类和代码的编写				
教师评价	掌握事务模式的分类和代码的编写				

任务 4 程序运行图

任务描述

事务的实例。

任务分析

掌握事务实例分析。

任务实施

两个用于事务管理的全局变量@@error和@@rowcount可用于事务出错与统计事务处理所影响的行数。

@@error：给出最近一次执行的出错语句引发的错误号，@@error为0时表示未出错。

@@rowcount：给出事务中已执行语句所影响的数据行数。

例7-5 使用事务向课程数据表sc中插入数据。如果执行时未出错，则提交事务；否则回滚到指定保存点。同时观察@@trancount的值。

```
select @@trancount as trancount
use st
go
begin tran tran_examp
insert into sc(学号,课程号,成绩) values('114L0207',2,56)
save tran abc
insert into sc(学号,课程号,成绩) values('114L0207',3,66)
insert into sc(学号,课程号,成绩) values('114L0207',5,60)
go
select @@trancount as trancount 的值
if @@error<>0
  rollback tran abc
select @@trancount as trancount 的值
go
commit tran tran_examp
select @@trancount as trancount
```

例7-6 创建数据表test，生成3个级别的嵌套事务，并提交该嵌套事务。观察变量@@trancount的值的变化。

```
create table test(col1 int primary key,col2 char(3))
go
begin transaction outer
go
```

```
select @@trancount
insert into test values(1,'aaa')
go
begin transaction a1
go
select @@trancount
insert into test values(2,'bbb')
go
begin transaction a2
go
select @@trancount
insert into test values(3,'ccc')
go
commit transaction a2
select @@trancount
go
commit transaction a1
select @@trancount
go
commit transaction outer
select @@trancount
go
```

程序运行结果如图 7－1：

(无列名)
1

(无列名)
2

(无列名)
3

(无列名)
2

(无列名)
1

(无列名)
0

图 7－1　运行结果

任务评价

主要测评项目		学生自评			
		A	B	C	D
专业知识	事务的实例				
小组配合	讨论和交流				
小组评价	掌握事务的实例代码编写				
教师评价	掌握事务的实例代码编写				

项目二
锁

学习目标

- 并发问题。
- 锁类型。
- 封锁协议。
- 设置事务隔离级别。
- 死锁预防和处理。

任务 1 并发问题

并发问题。

任务分析

掌握并发问题的定义和分类。

任务实施

当多个用户同时访问一个数据库而没有进行锁定时，如果它们的事务同时使用相同的数据时可能会发生问题。这些由于同时操作数据库产生的问题称为并发问题。出现的不可重复读取、丢失修改、读脏数据。解决方法通过锁来防止其他事务访问指定资源。

(1) 丢失修改。两个事务 T1 和 T2 读入同一数据并修改，T2 提交的结果破坏了 T1 提交的结果，导致 T1 的修改被丢失。如图 7 - 2 所示。

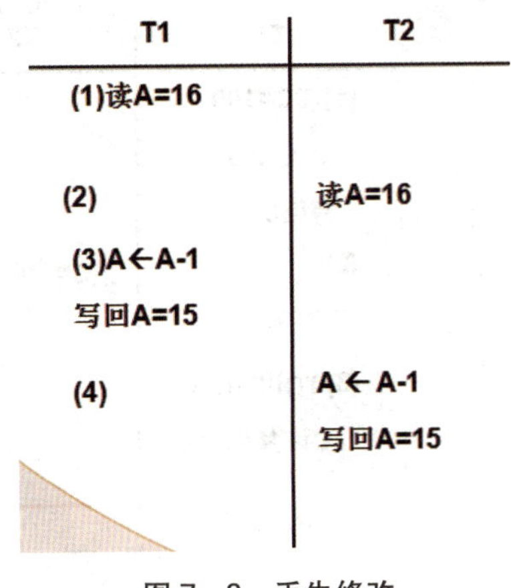

图 7-2　丢失修改

(2) 不可重复读。不可重复读事务 T1 读取数据后，事务 T2 执行更新操作，使 T1 无法再现前一次读取结果；或者在一个事务内在两个读操作中得到了不同的结果；不可重复读包括 3 种情况(如图 7-3 所示)：

- 事务 T1 读取某一数据后，事务 T2 对其作了修改，当事务 T1 再次读取数据时，得到与前一次不同的值。
- 事务 T1 按一定条件从数据库中读取了某些数据记录后，事务 T2 删除了部分记录，当 T1 再次按相同条件读取数据时，发现某些数据消失了。
- 事务 T1 按一定条件从数据库中读取某些数据记录后，事务 T2 插入了一些记录，当 T1 再次按相同条件读取数据时，发现多了一些记录。

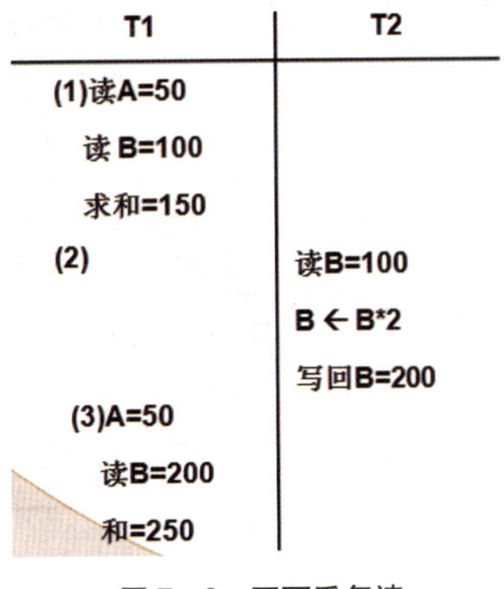

图 7-3　不可重复读

(3) 读脏数据。读脏数据是指事务 T1 修改某一数据，并将其写回磁盘，事务 T2 读取同一数据之后，T1 由于某种原因被撤消，这时 T1 已修改过的数据恢复原值，T2 读到的数据与数据库中的数据不一致，则 T2 读到的数据就为脏数据，即不正确的数据。如图 7-4 所示。

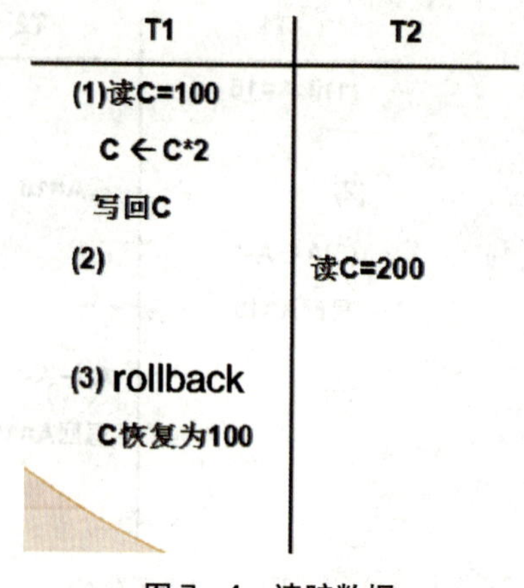

图 7-4　读脏数据

任务评价

主要测评项目		学生自评			
		A	B	C	D
专业知识	并发问题的定义和分类				
小组配合	讨论和交流				
小组评价	掌握并发问题的定义和分类				
教师评价	掌握并发问题的定义和分类				

任务 2
锁类型

任务描述

锁类型。

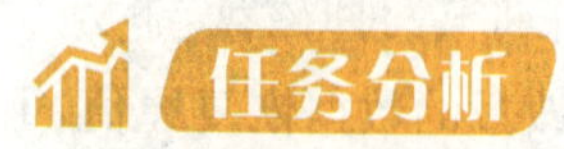

任务分析

掌握各种锁类型的特点。

1. 共享锁(读锁,S锁)

若事务T对数据对象A加上S锁,则事务T可以读A但不能修改A,其他事务只能再对A加S锁,而不能加X锁,直到T释放A上的S锁。这就保证了其他事务可以读A,但在T释放A上的S锁之前不能对A作任何修改。

2. 排它锁(写锁,X锁)

若事务T对数据库对象A加上X锁,只允许T读取和修改A,其他任何事务都不能再对A加任何类型的锁,直到T释放A上的锁。这就保证其他事务在T释放A上加的锁之前不能再读取和修改A。

3. 意向锁

意向锁说明SQL Server有在该锁所锁定资源的底层资源上获得共享锁和排它锁的意向,在表级设置意向锁可以阻止其他事务获得该表的排它锁。意向锁主要分为:

- 共享意向锁(IS)。
- 排它意向锁(IX)。
- 共享式排它意向锁(SIX)。

查看锁:sp_lock [spid1] [,spid2]。

例7-7 对数据表sc执行插入和查询操作,检查在程序执行过程中锁的使用情况。

```
use st
go
begin transaction
select * from sc
exec sp_lock
insert into sc values('11410207',4,78)
select * from sc
exec sp_lock
commit transaction
```

例7-8 设置共享锁。

```
use adventureworks
go
begin transaction T1
select salesorderid,productid,orderqty,unitprice
from salesorderdetail with (holdlock)
```

```
commit
```

例 7－9 设置排它锁。

```
use adventureworks
go
begin transaction t1
        insert into salesorderheader with (tablockx) (customerid,orderdate)
    values(1,'2001-06-23')
commit
```

任务评价

主要测评项目		学生自评			
		A	B	C	D
专业知识	掌握各种锁类型的特点				
小组配合	讨论和交流				
小组评价	掌握各种锁类型的特点				
教师评价	设置共享锁和排他锁				

任务 3 封锁协议

任务描述

封锁协议。

任务分析

掌握封锁协议。

任务实施

在运用 X 锁和 S 锁这两种基本封锁，对数据对象加锁时，还需要约定一些规则，例如随时申请 X 锁或 S 锁、持续时间、何时释放等，称这些规则为封锁协议。

（1）一级封锁协议：当事务 T 在修改数据 R 之前必须对其加 X 锁，直到事务结束才释放。可以防止丢失修改，并保证事务T是可恢复的。

(2) 二级封锁协议：一级封锁协议加上事务T在读取数据R之前必须先对其加S锁，读完之后即可释放S锁。二级封锁协议除防止丢失修改，还可进一步防止读脏数据。

(3) 三级封锁协议：一级封锁协议加上事务T在读取数据R之前必须先对其加S锁，直到事务结束才释放。三级封锁协议可防止丢失修改、不读脏数据、防止不可重复读。

任务评价

主要测评项目		学生自评			
		A	B	C	D
专业知识	封锁协议				
小组配合	讨论和交流				
小组评价	掌握封锁协议				
教师评价	掌握封锁协议				

任务4 设置事务隔离级别

任务描述

设置事务隔离级别。

任务分析

设置事务隔离级别。

任务实施

SQL Server 2005有5个事务隔离级别(read uncommitted 未提交读 | read committed 已提交读 | repeatable read 可重复读 | snapshot 快照 | serializable 可序列化)，这些事务隔离级别允许不同类型的行为如图7-5所示。

隔离级别	丢失更新	脏数据	不可重复读取
read uncommitted	是	是	是
read committed	是	否	是
repeatable read	否	否	否
snapshot	否	否	是
serializable	否	否	否

图 7－5　事务隔离级别

例 7－10　设置事务隔离级别 repeatable read。

```
use st
go
set transaction isolation level repeatable read
go
begin transaction
go
select * from student
go
select * from sc
go
commit transaction
go
```

任务评价

主要测评项目		学生自评			
		A	B	C	D
专业知识	设置事务隔离级别				
小组配合	讨论和交流				
小组评价	能正确设置事务隔离级别				
教师评价	能正确设置事务隔离级别				

任务 5
死锁预防与处理

任务描述

死锁的预防。

任务分析

死锁概念和预防。

任务实施

当不同用户分别锁定一个资源，之后双方又都等待对方释放所锁定的资源，就产生一个锁定请求环，从而出现死锁现象。

防死锁设计：

(1) 尽量避免并发地执行涉及修改数据的语句。

(2) 要求每个事务一次就将所有要使用的数据全部加锁，否则就不予执行。

(3) 预先规定一个锁定顺序，所有的事务都必须按这个顺序对数据进行锁定。

(4) 不同的过程在事务内部更新执行对象的顺序应尽量保持一致。

(5) 每个事务的执行时间不应太长，对较长的事务可将其分为几个事务。

任务评价

主要测评项目		学生自评			
		A	B	C	D
专业知识	死锁概念和预防				
小组配合	讨论和交流				
小组评价	掌握死锁概念和预防				
教师评价	掌握死锁概念和预防				

习题 7

一、选择题

1. 一个事务提交后，如果系统出现故障，则事务对数据的修改将(　　)。

(A) 无效　　(B) 有效

(C) 事务保存点前有效　　(D) 以上都不是

2. 以下与事务控制无关的关键字是(　　)。

(A) rollback　　(B) commit　　(C) declare　　(D) beigin

3. SQL Server 中的锁不包括(　　)。

(A) 共享锁　　(B) 互斥锁　　(C) 排它锁　　(D) 意向锁

4. 关于避免死锁的描述不正确的是(　　)。

(A) 尽量使用并发执行语句

(B) 要求每个事务一次就将所有要使用的数据全部加锁，否则就不予执行

(C) 预先规定一个锁定顺序，所有的事务都必须按这个顺序对数据进行锁定

(D) 每个事务的执行时间不应太长，对较长的事务可将其分为几个事务

二、简答题

1. 什么是事务？事务有哪些属性。
2. SQL Server 中的锁有哪几种模式。
3. 什么是死锁？怎样对死锁进行预防和处理。

实训 7

事务和锁

一、实训目的

1. 事务的处理。
2. 锁的使用。

二、实训要求

保存实训结果到文本文档。

三、实训步骤

1. 使用事务定义与提交命令在数据库 st 中创建一个“zonghe”(学号，姓名，性别，民族)，并为它插入 2 行数据，观察提交之前和之后的浏览和回滚情况。
2. 定义一个事务，在数据库 st 中的 sc 表中，为所有成绩高于 60 分的同学加上 10 分。

3. 定义事务，向数据库 st 中的 sc 表插入 1 行数据(114L0204，5，80)，然后删除该行。执行结果是该行没有插入。要求在删除命令前定义保存点 my_delete，并使用 rollback 语句将操作回滚到保存点，即删除前的状态。观察全局变量@@trancount 的值的变化。
4. 对表 student 执行插入和查询操作，检查在程序执行过程中锁的使用情况。

模块八

数据管理

本模块首先介绍数据的管理，主要是数据库的备份和还原。其次介绍数据库备份计划、类型（完整备份、事务日志备份和差异备份）、故障还原模型（完整、大容量日志和简单）、备份和恢复流程。最后介绍备份设备、备份数据库、备份事务日志，还原数据库的代码和操作步骤、分离和附加数据库、数据导入导出。

项目一 数据库备份和恢复概述

学习目标

- 数据库备份计划。
- 故障还原模型。
- 备份和恢复流程。

任务1 数据库备份计划

任务描述

数据库备份计划。

任务分析

掌握数据库备份计划。

任务实施

对于 SQL Server 2012 数据库系统中的数据，主要存在下面 3 种风险：

（1）系统故障。由于硬件故障（如停电等）、软件错误（如操作系统不稳定等）使内存中的数据或日志内容突然损坏，事务处理终止，但是物理介质上的数据和日志并没有被破坏。SQL Server 2012 系统本身可以修复这种故障，无需管理人员干预。

（2）介质故障。介质故障又叫硬故障，是由于物理存储介质的故障发生读写错误，或者管理人员操作失误删除了数据文件和日志文件。这种故障需要管理人员手工进行恢复，而恢复的基础就是在发生故障以前做的数据库备份和日志记录。管理人员需要掌握的备份与恢复技术主要是针对介质故障。

(3) 事务故障。事务是 SQL Server 2012 执行 SQL 命令的一个完整的逻辑操作。事务故障是事务运行到最后没有得到正常提交而产生的故障。SQL Server 2012 系统本身可以修复这种故障，无需管理人员干预。

定期执行数据库和事务日志备份以使数据丢失减到最低程度。

假设数据库为 dianzishangwu，一般由以下文件组成：

(1) 数据文件：dianzishangwu. mdf。

(2) 日志文件：dianzishangwu_log. ldf。

数据库备份计划，如下：

1. 备份内容

数据库中需要备份的内容主要包括系统数据库、用户数据库和事物日志。系统数据库记录了确保系统正常运行的重要信息，例如 master 记录了用户账户、环境变量和系统错误信息等。Msdb 记录了有关 agent 服务的全部信息，如作业历史和调度信息等，model 提供了常见用户数据库的模板信息。

用户数据库是存储用户数据的存储空间集，要根据数据的重要程度设计与规划备份方案。

事务日志文件记录了用户对数据的各种操作，平时系统会自动管理和维护所有的数据库事务日志。对于以记录为单位的日志文件，日志文件中需要登记的内容包括：

- 各个事务的开始(begin transaction)标记。
- 每个事务的结束(commit 或 rollback)标记。
- 各个事务的所有更新操作。

每个日志记录的内容主要包括：

- 事务标识(标明是哪个事务)；
- 操作的类型(插入、删除或修改)；
- 操作对象(记录内部标识)；
- 更新前数据的旧值(对插入操作而言，此项为空值)；
- 更新后数据的新值(对删除操作而言，此项为空值)。

与数据库备份相比，事务日志备份所需要的时间较少，但恢复需要时间较长。

2. 备份类型

(1) 完整备份。

完整备份将备份整个数据库，包括事务日志部分。

完整备份有两种方式：备份到备份设备(某个设备名称与硬盘上某个文件相对应)和备份到硬盘上的某个文件。

还原数据库的完整备份有两种方式：还原来自源设备和硬盘上的某个文件。

建议在 SQL Server 2012 备份或还原数据库利用备份设备。

与事务日志备份和差异备份相比，完整备份中的每个备份使用的存储空间更多，因此完整备份完成备份操作需要更多时间，所以完整备份的创建频率通常比差异或事务日志的频率低。

（2）**事务日志备份**。

事务日志是自上次备份事务日志后对数据库执行的所有事务的一系列记录，可以使用事务日志备份将数据库恢复到特定的即时点或恢复到故障点。

一般情况下，将事务日志备份与完整备份一起使用。事务日志备份比完整备份使用的资源少，因此可以比完整备份更经常地创建事务日志备份。事务日志备份仅用于完整恢复策略或大容量日志恢复策略。

必须至少有一个数据库备份或覆盖的文件备份集，才能更有效地进行事务日志备份。只有具有自上次完整备份或差异备份后的连续事务日志备份序列时，使用完整备份和事务日志备份还原数据库才有效。

（3）**差异备份**。

差异备份只记录自上次完整备份后发生更改的数据。差异备份比完整备份小而且备份速度快。使用差异备份将数据库还原到差异备份完成时那一点。若要恢复到精确的故障点，必须使用事务日志备份。如果自上次数据库备份后数据库中更改的数据较少，则差异备份尤有效。使用简单恢复模型，可以使用更频繁的差异备份，但不希望进行频繁的完整备份。

任务评价

主要测评项目		学生自评			
		A	B	C	D
专业知识	数据库备份计划和备份分类				
小组配合	讨论和交流				
小组评价	了解数据库备份计划和备份分类				
教师评价	掌握数据库备份计划和备份分类				

任务 2
故障还原模型

任务描述

故障还原模型的步骤、模式。

任务分析

掌握故障还原模型的步骤、模式。

任务实施

恢复的基本原理非常简单。可以用一个词来概括:冗余。也就是说,数据库中任何一部分被破坏或不正确的数据可以存储在系统别处的冗余数据(例如通过备份)来重建,当然涉及的关键问题是:第一,如何建立冗余数据(例如备份策略);第二,如何利用这些冗余数据进行数据库恢复。

SQL Server 2012 提供了 3 种故障恢复模型,合理地使用这 3 种模型可以有效地管理数据库,最大限度地减少损失。

设置故障还原模型的步骤如下:

(1) 展开要设置的数据库,在数据库上右击,在快捷菜单中选择属性命令。

(2) 在数据库属性对话框中选择“选项”选项卡,如图 8-1 所示,恢复模式下拉列表框有 3 个选项:完整、大容量日志和简单。

① 简单恢复模型。

当发生故障时,这种模型只能将数据库还原到上次备份(完整备份和差异备份)的即时点,在上次备份之后发生的更改将全部消失。采用简单恢复模型的数据库,不支持事务日志备份。如图 8-2 所示。

② 完整恢复模型。

完整恢复模型使用于最重要的数据库,任何数据丢失都是难以接受的情况或数据库更新非常频繁等情况。使用这种模型,SQL Server 将会在日志中记录对数据库所有的更改,包括大批量操作(如 select into)和索引的创建。只要日志本身没有受到损坏,SQL Server 就可以在发生故障或误操作时恢复到任意即时点。但是,正是因为对所有事务的记录,导致了数据库日志文件将会不断的增大,因而带来了存储和性能方面的一些代价。如果日志损坏,则必须重做自最新的事务日志备份后所发生的更改。如图 8-3 所示。

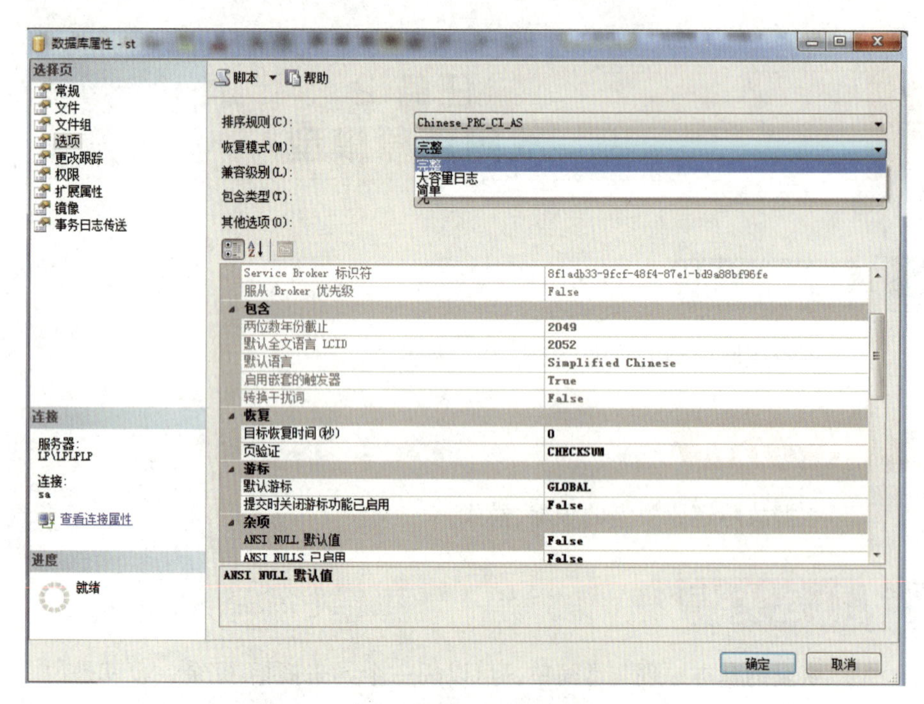

图 8－1　数据库属性对话框的选项选项卡

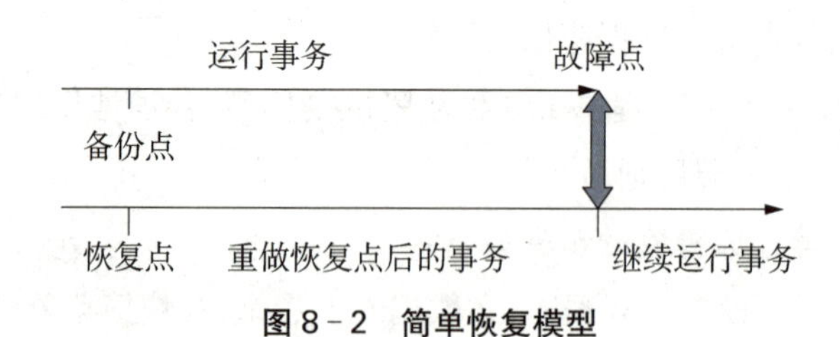

图 8－2　简单恢复模型

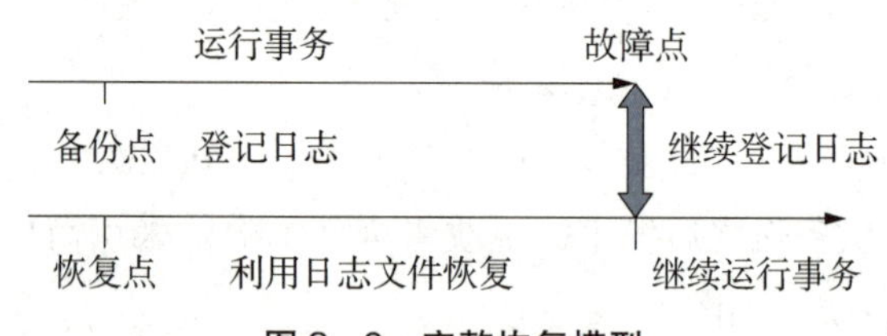

图 8－3　完整恢复模型

③ 大容量日志恢复模型。

大容量日志恢复模型与完全恢复模型很相似，它为某些大容量或大规模复制操作提供最佳性能和最小的日志使用空间。如果日志损坏，或者自最新的日志备份后发生大容量操作，则必须重做自上次备份后所做的更改。

在大容量日志恢复模型下，只记录操作的最小日志，它只允许数据库恢复到事务日志备份的尾处，不支持即时点恢复。如图 8－4 所示。

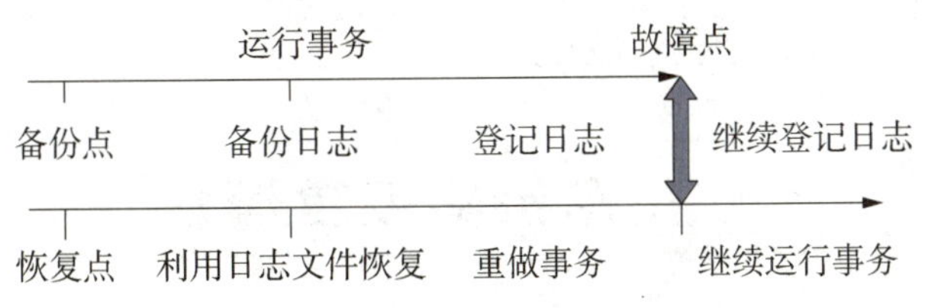

图 8-4　大容量日志恢复模型

在大容量日志恢复模型中，这些大容量复制操作的数据丢失程度要比完整恢复模型严重。数据文件损坏将导致必须手工重做工作。大容量日志恢复模型的备份策略包括：完整备份、差异备份和日志备份。

④ 故障还原模型与备份类型。

恢复模型和备份类型的关系，如图 8-5 所示。

故障还原模型	备份对象		
	数据库	数据库差异	事务日志
简单	必须	可选	不允许
完整	必须	可选	必需
大容量日志记录	必须	可选	必须

图 8-5　恢复模型与备份类型关系

任务评价

主要测评项目		学生自评			
		A	B	C	D
专业知识	故障还原模型的步骤、模式				
小组配合	讨论和交流				
小组评价	掌握故障还原模型的步骤、模式				
教师评价	掌握故障还原模型的步骤、模式				

任务 3
备份和恢复流程

任务描述

备份和恢复流程。

任务分析

掌握备份和恢复流程。

任务实施

备份和恢复流程：

(1) 创建备份设备。

(2) 进行数据库的完整备份、差异备份、日志备份。

采用完整备份和事务日志备份策略：每天一次完整备份，中间进行 2～3 次的事务日志备份；而对于数据库大，并且系统繁忙，可采用差异备份策略：每星期一次完整备份，以更短的间隔（如每天）可进行多次差异备份，并会频繁（如每 10 分钟）创建事务日志备份。

例如对 AdventureWorks 数据库进行完整备份的 AW_Fullbak，差异备份 AW_Diffbak，日志备份 AW_Logbak。

(3) 恢复数据库。

任务评价

主要测评项目		学生自评			
		A	B	C	D
专业知识	备份和恢复流程				
小组配合	讨论和交流				
小组评价	掌握备份和恢复流程				
教师评价	掌握备份和恢复流程				

项目二 执行数据库备份

学习目标

- 备份设备。
- 备份数据库。
- 备份事务日志。

任务1 备份设备

任务描述

备份设备的定义、建立和管理。

任务分析

掌握和理解备份设备。

任务实施

备份设备是指 SQL Server 中存取数据库和事务日志备份拷贝的载体。备份设备可以被定义成本地的磁盘文件、远程服务器上的磁盘文件、磁带或者命名管道，一般我们选择考虑磁盘文件。创建备份时，必须选择存放备份数据的备份设备。当建立一个备份设备时，需要给其分配一个物理设备名称和逻辑设备名称。

1. 建立备份设备

（1）格式。

sp_addumpdevice '备份设备类型','备份设备逻辑名','备份设备物理名称'。

（2）各参数含义。

可以系统使用存储过程 sp_addumpdevice 添加备份设备。

备份设备的类型可以是 disk、pipe 或 tape，disk 以硬盘文件作为备份设备，pipe 是命名管道设备，tape 是磁带备份设备。

备份设备逻辑名是备份设备物理名称的标识。备份设备物理名称必须遵守操作系统文件名称的规则或网络设备的通用命名规则，必须包括完整的路径，没有默认值，不能为 null。如果成功建立设备，则返回值为 0，否则为 1。

例 8-1 创建一个本地磁盘备份设备，设备逻辑名为 stbk，备份设备的物理名称为 stbk. bak。

方法一：使用 SQL 语句。

```
use st
exec sp_addumpdevice 'disk','stbk','d:\data\stbk. bak'
```

方法二：使用 SSMS 创建备份设备。

步骤如下：

- 打开 SSMS，在对象资源管理器窗口中，依次展开“服务器对象”→“备份设备”结点。
- 右击“备份设备”结点，在快捷菜单中选择“新建备份设备”命令，打开“备份设备”窗口，如图 8-6 所示。

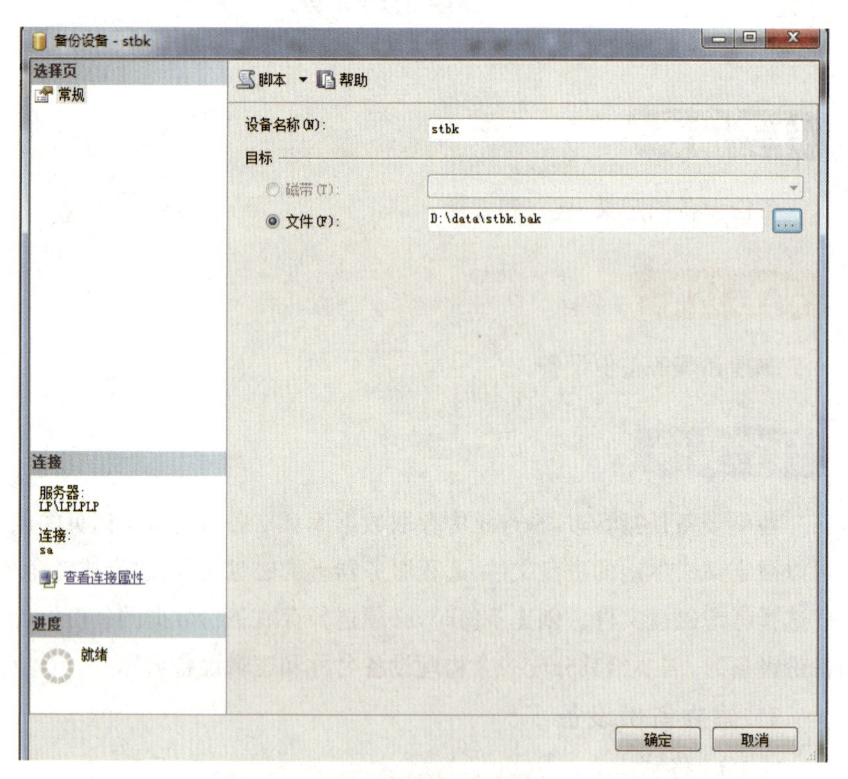

图 8-6 备份设备窗口

- 输入设备名称 stbk，选中“文件”按钮，单击“…”按钮，选择物理文件的路径。备份设备物理文件名称为 stbk. bak(不要先建好)。设置完成后单击“确定”按钮。

2. 查看备份设备的属性

例 8-2 查看备份设备 stbk 的属性。

方法一：使用 SQL 语句。

```
sp_helpdevice stbk
```

方法二：使用 SSMS 查看备份设备。

步骤如下：

- 打开 SSMS，在对象资源管理器窗口中，依次展开“服务器对象”→“备份设备”结点。
- 右击 stbk 结点，在快捷菜单中选择“属性”命令，在出现的“备份设备”对话框中，选择“常规”选项卡。
- 在常规选项卡将显示“设备名称”和“目标”，目标为磁带或文件。
- “介质内容”选项卡显示备份设备的类型等。

3. 删除备份设备

（1） **格式。**

sp_dropdevice['设备的逻辑名'][,'delfile']

（2） **功能。**

从 SQL Server 除去数据库设备或备份设备。如果将物理备份设备文件指定为 delfile，将会删除物理备份设备文件，否则只删除逻辑设备名。返回 0，表示成功删除，返回 1 表示删除失败。不能在事务内部使用 sp_dropdevice。

例 8-3 删除备份设备，设备逻辑名为 stbk，但不删除物理备份文件。

方法一：使用 SQL 命令。

```
Exec sp_dropdevice 'stbk'
```

方法二：使用 SSMS 删除备份设备。

步骤如下：

- 打开 SSMS，在对象资源管理器窗口中，依次展开“服务器对象”→“备份设备”结点。
- 右击 stbk 结点，在弹出式菜单中选择“删除”命令，弹出“删除对象”窗口，单击“确定”即可，可以将 stbk 备份设备删除。

主要测评项目		学生自评			
		A	B	C	D
专业知识	备份设备的定义、建立和管理				
小组配合	讨论和交流				

续　表

主要测评项目		学生自评			
		A	B	C	D
小组评价	掌握备份设备的定义、建立和管理				
教师评价	掌握备份设备的定义、建立和管理				

任务 2
备份数据库

备份数据库。

任务分析

掌握和理解备份数据库和事务日志。

1. 备份数据库

- 格式

```
backup database 数据库名
[<文件_或者_文件组>[,…n]]
to<备份设备>[,…n]
[with[[,]differential]
    [[,]expiredate=日期|retaindays=天数]
    [[,]{init|noinit}]
    [[,]name=备份集名称]
]
```

- 各参数含义

(1) 将指定数据库备份到指定备份设备。备份设备可以是逻辑备份设备名或物理备份设备名。

(2) [<文件_或者_文件组>指定包含在数据库备份中的文件或文件组。

(3) differential 选项表示差异备份。

(4) expiredate=日期选项表示指定备份集到期和允许被覆盖的日期。

(5) retaindays=天数选项表示指定必须经过多少天才可以覆盖该备份媒体集。

(6) init 选项表示重写所有备份，但保留介质卷标。noinit 表示将备份集将追加到指定的磁盘或磁带上，以保留现有备份集。noinit 是默认设置。

例 8-4 完全备份数据库 st 到 scbk 备份设备上，物理备份文件 stbk. bak。

方法一：使用 SQL 命令。

```
exec sp_addumpdevice 'disk','scbk','d:\data\stbk. bak'
backup database st to disk='d:\data\stbk. bak'
```

或

```
backup database st to scbk
```

方法二：使用 SSMS 备份数据库。

步骤如下：

- 打开 SSMS，在“对象资源管理器”窗口中，依次展开“服务器名称”→“数据库结点”。
- 选中“st”数据库，右击，依次选择“任务”→“备份”命令，在出现的“备份数据库”窗口中，选择“常规”选项卡，如图 8-7 所示。

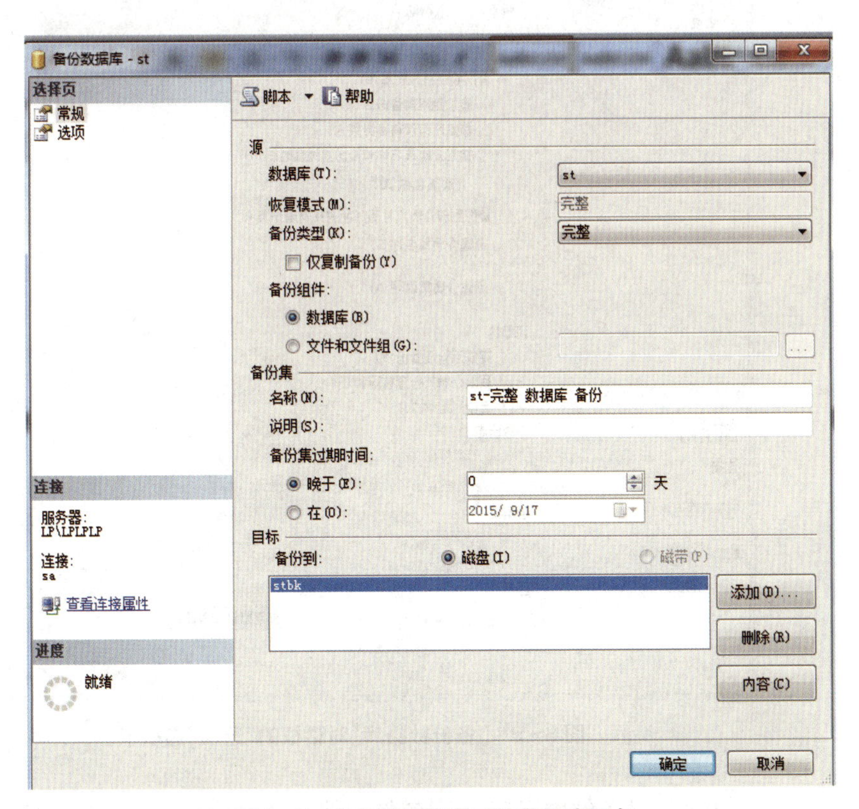

图 8-7 备份数据库窗口的常规选项卡

● 在常规选项卡中，设置需要备份的“源”的数据库为 st，备份类型(完整、事务日志、差异)选择“完整”，“备份组件”选择为”数据库”，在“备份集”的“名称”文本框输入 stFullBackup，“备份集过期时间”选择“晚于”，设置为 0 天，单击“添加”按钮，在出现“选择备份目标”对话框中，如图 8－8 所示，添加备份设备 stbk，单击确定。然后再单击图 8－7 的确定按钮即完成数据库的备份。

● 单击图 8－7 的“选项”选项卡，可以查看或设置高级选项，如图 8－9 所示。

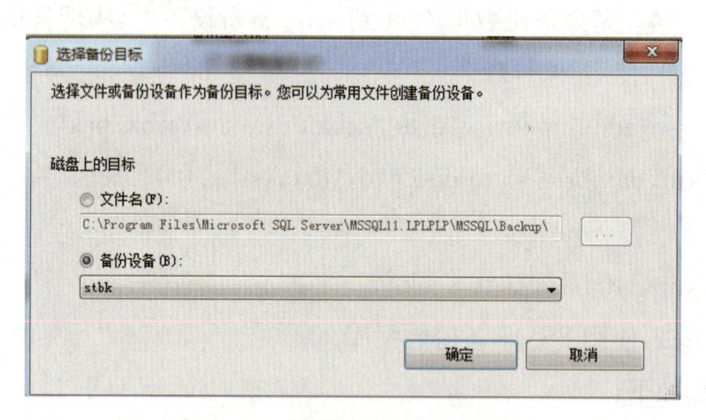

图 8－8 “选择备份目标”对话框

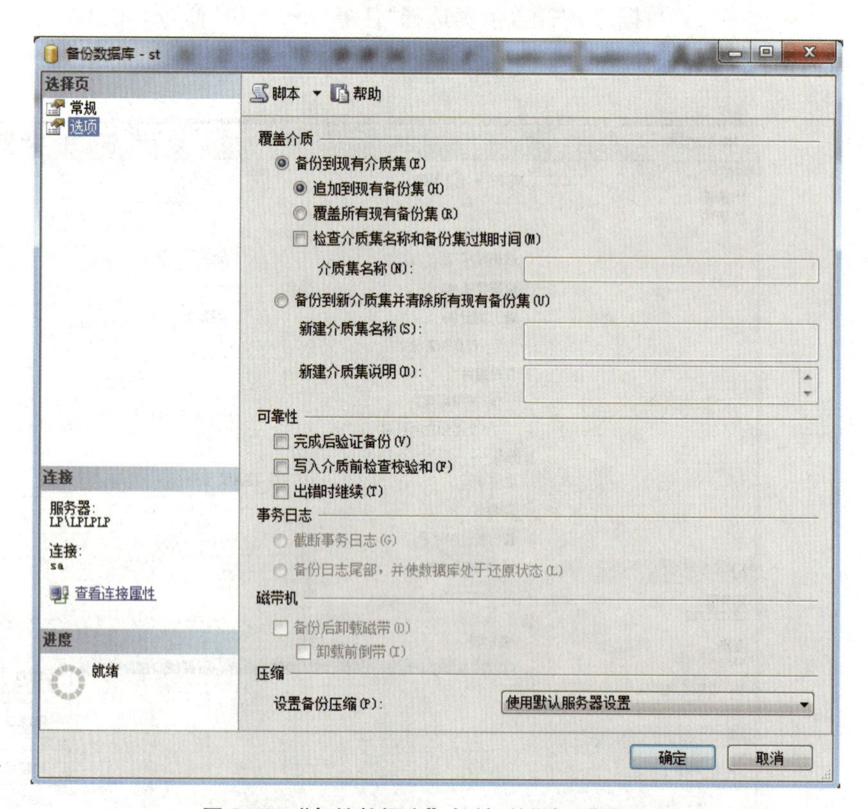

图 8－9 “备份数据库”对话框的“选项”选项卡

例 8－5 差异备份数据库 st 到备份文件 stbk. bak。

```
backup database st to disk='d:\data\stbk.bak' with differential
```

例 8-6 重新将数据库 st 完全备份到设备 stbk,并覆盖该设备原有的内容。备份集的名称为 stFullBackup。查看备份属性。

```
backup database st to stbk
with
    init,
    name='stFullBackup'
go
sp_helpdevice stbk
```

例 8-7 追加数据库 st 完全备份到设备 stbk。备份集的名称为 stFullBackup。

```
backup database st to stbk
    with
    noinit,
    name='stFullBackup'
```

2. 备份事务日志

- 格式

```
backup log 数据库名
{to<备份设备>[,…n] [with
[[,]expiredate=日期|retaindays=天数]
[[,]{init|noinit}][[,]name=备份集名称]
[[,]no_truncate]
[[,]{norecovery|standby=standby_file_name}]
]}
```

- 功能

对数据库发生的事务进行备份,该日志是从上一次成功执行了 log 备份到当前日志的末尾。它仅对数据库事务日志进行备份,所以其需要的磁盘空间和备份时间都比数据库备份少得多。

例 8-8 备份数据库 st 的日志文件到物理备份文件为 stbk.bak,备份集名称为 stLogBackup。

```
backup log st
to disk='d:\data\stbk.bak'
with name='stLogBackup'
```

注释:手工操作,选中"st"数据库,右击,在弹出式菜单中依次"任务"→"备份",在"备份数据库"窗口中的"备份类型"设置为"事务日志"。

例 8-9 截断 st 事务日志，收缩事务日志为 2MB。

```
backup log st with no_log
use st
dbcc shrinkfile('st_log',2)
```

备注：截断事务日志的作用，不备份日志，删除不活动的日志部分，释放空间。删除这些日志记录以减小逻辑日志的大小。

主要测评项目		学生自评			
		A	B	C	D
专业知识	备份数据库				
	备份事务日志				
小组配合	成果交流与共享				
小组评价	掌握和理解备份数据库和事务日志				
教师评价	掌握和理解备份数据库和事务日志				

项目三 执行数据库还原

学习目标

还原数据库。

任务 1 还原数据库

任务描述

还原数据库。

任务分析

掌握还原数据库的代码和操作步骤。

任务实施

- 格式

```
restore database 数据库名
<文件_或者_文件组>
[from<备份设备>[,…n]]
[with
[file=备份文件号]
[[,]move '逻辑文件名' to '操作系统文件名'][,…n]
[[,]{recovery|norecovery|standby={撤消文件名}}]
[[,]replace]]
```

- 各参数含义如下：

(1) “from<备份设备>”表示从指定备份设备还原数据库。备份设备可以是逻辑备份设备名或物理备份设备名。如果指定了文件和文件组列表，则只还原那些文件和文件组。

(2) “[,…n]”表示可以指定多个备份设备和逻辑备份设备，最多可以为 64 个。

(3) “file=备份文件号”：标识要还原的备份号。例如，file=1 表示备份媒体上的第 1 个备份集。

(4) “move '逻辑文件名' to '操作系统文件名']”：指定将给定的逻辑文件名移到操作系统文件名。

(5) recovery：指示还原操作回滚任何未提交的事务。如果 norecovery、recovery 和 standby 均未指定，则默认为 recovery。

(6) norecovery：还原操作不回滚任何未提交的事务。当还原数据库备份和多个事务日志时，例如在完整备份后进行差异备份，要求在除最后的 restore 语句外的所有其他语句上使用 with norecovery 选项。

(7) standby={撤消文件名}：指定撤消文件名以便可以取消恢复效果。

(8) replace：如果存在相同名称的数据库，则覆盖现有数据库。

例 8-10 将 stbk. bak 备份文件中的备份号为 1 的完整备份恢复到数据库 st 中。

方法一：使用 SQL 命令。

```
restore database st
from disk='d:\data\stbk. bak'
with file=1,
replace
```

方法二：使用 SSMS 恢复数据库。

步骤如下：

(1) 打开 SSMS，在“对象资源管理器”窗口中，依次展开“服务器名称”→“数据库”→“st”结点。

(2) 右击“st”结点，在弹出式菜单中，依次选择“任务”→“还原”→“数据库”，在出现的“还原数据库”对话框中，选择“常规”选项卡。如图 8-10 所示。

(3) 在“常规”选项卡上，目标数据库可以与源数据库名称不相同，但不能与系统数据库同名。

(4) “还原到”：表示还原到最近状态，单击“时间线(T)…”按钮，打开“备份到时间线”对话框，选择还原到指定日期和时间的数据状态，如图 8-11 所示。

(5) 在图 8-10 中如果“源”中设置为“设备”，点击旁边的“…”按钮，出现“选择备份设备”对话框，如图 8-12 所示。

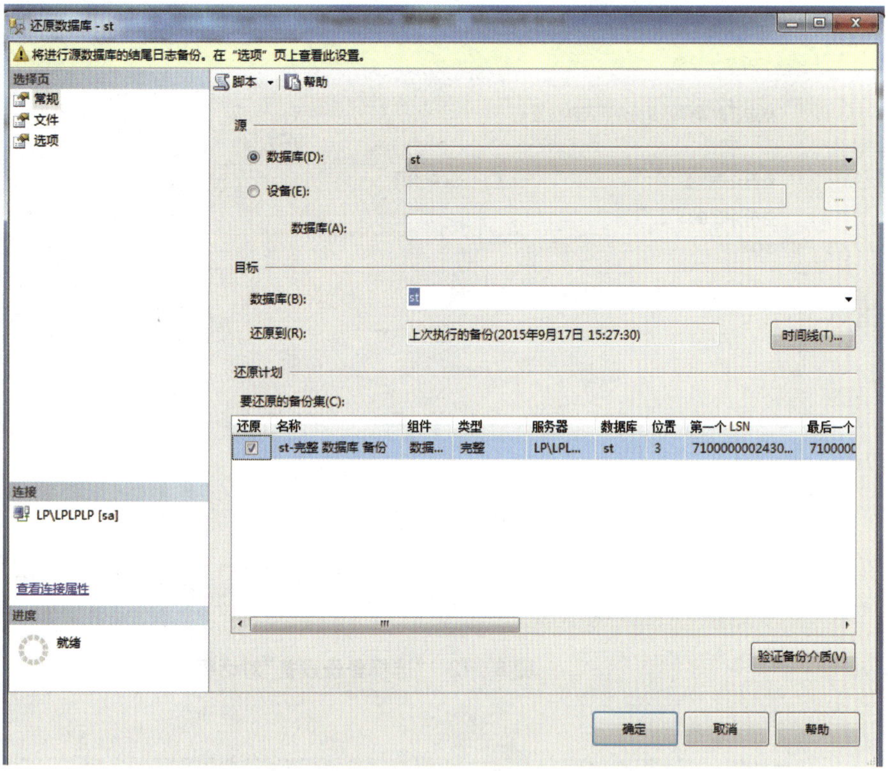

图 8－10　还原数据库对话框的“常规”选项卡

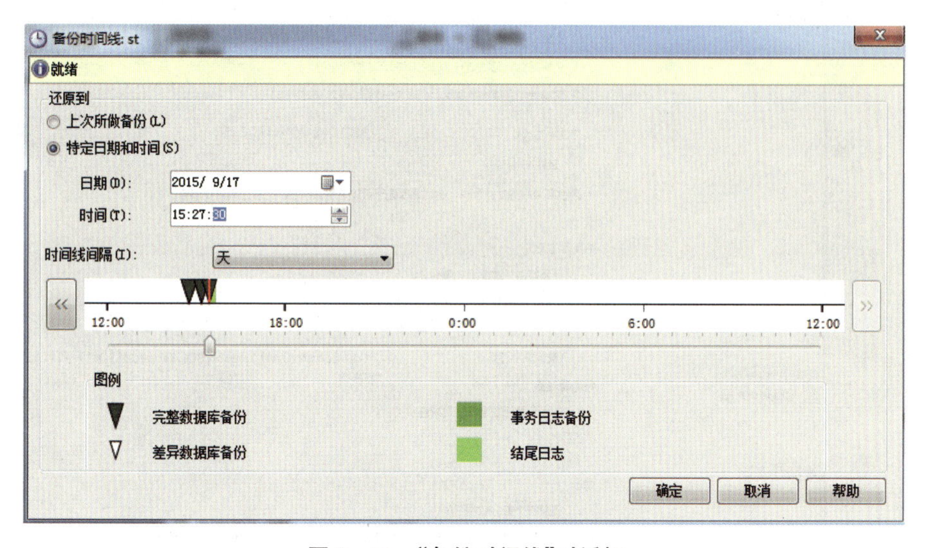

图 8－11　“备份时间线”对话框

(6) 在图 8－10 中选择“选项”选项卡，出现如图 8－13 所示界面。

(7) 单击“确定”按钮，开始还原数据库。

注释：还原数据库提供了 2 种还原方式，文件和备份设备，步骤(4)和步骤(5)只要设置 1 个即可。

选择备份设备

指定还原操作的备份介质及其位置。

备份介质类型(B): 备份设备

备份介质(M):

stbk

添加(A)

删除(R)

内容(T)

确定(O) 取消 帮助

图 8 - 12 “选择备份设备”对话框

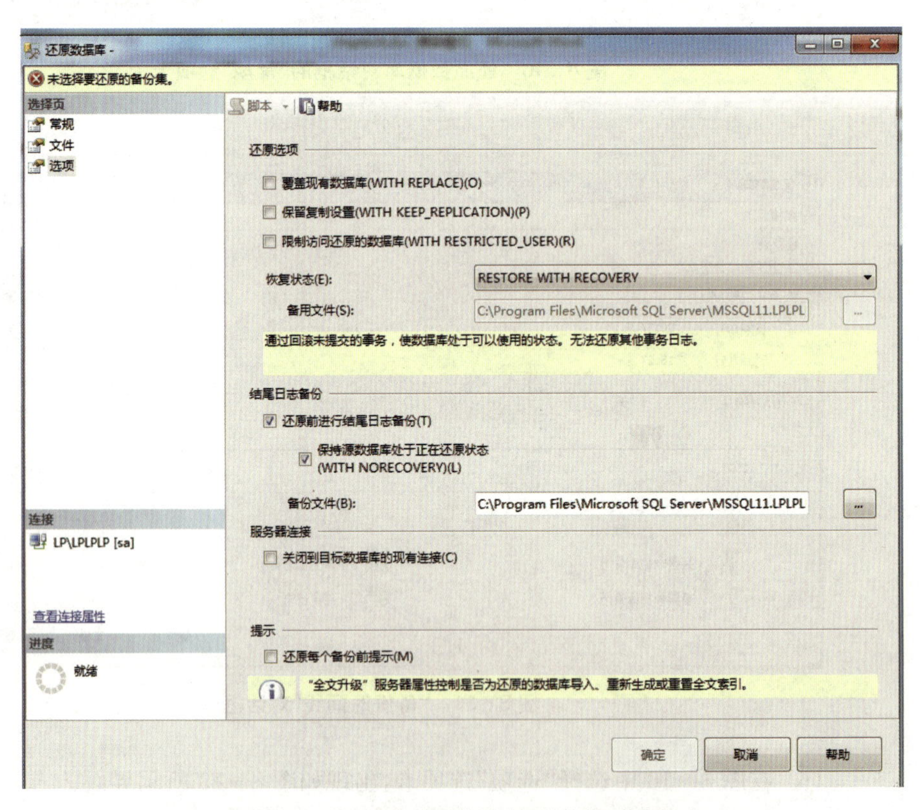

图 8 - 13 “还原数据库”对话框的“选项”选项卡

任务评价

主要测评项目		学生自评			
		A	B	C	D
专业知识	还原数据库的代码和操作步骤				
小组配合	成果交流与共享				
小组评价	掌握还原数据库的代码和操作步骤				
教师评价	掌握还原数据库的代码和操作步骤				

任务 2
执行事务日志还原

事务日志还原。

任务分析

掌握还原事务日志的代码和操作步骤。

1. 格式

restore log 数据库名

[from＜备份设备＞[,…n]][with

[[,]file=备份文件号]

[[,]move '逻辑文件名' to '操作系统文件名'][,…n]

[[,]{recovery|norecovery|standby=standby_file_name}]

[[,]stopat={日期时间}]

[[,]replace]]

2. 各参数含义

(1) 将从指定事务日志备份设备还原数据库。若要使用多个事务日志恢复数据库,需要除最后一个以外的所有还原操作中使用 norecovery。

(2) "stopat={日期时间}":将数据库还原到指定日期时间时的状态。

例 8-11 在备份过程中,产生备份序列。假设有如下序列,如图 8-14 所示。

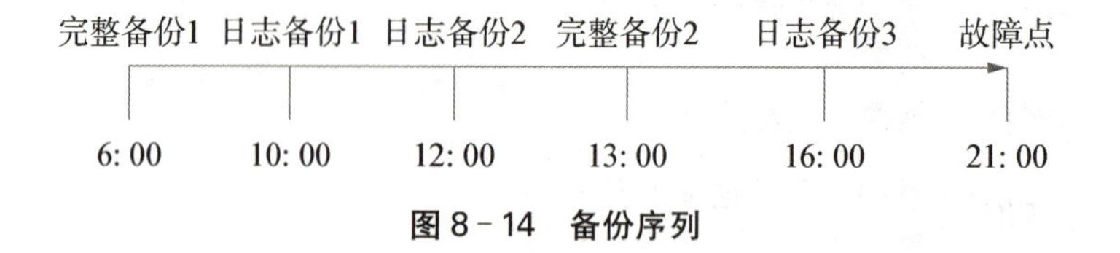

图 8-14 备份序列

(1) 6:00 时:创建备份设备。备份数据库到设备 sdata。

```
exec sp_addumpdevice 'disk','sdata','d:\data\sdata.bak'
exec sp_addumpdevice 'disk','sdatalog','d:\data\sdatalog.bak'
```

运行结果是在"对象资源管理器"的"服务器对象"结点上,新增加两个备份设备,如图 8-15 所示。

图 8-15 新添加的备份设备

```
backup database st to sdata
```

运行结果如下:

已为数据库'st',文件'st'(位于文件 1 上)处理了 320 页。

已为数据库'st',文件'st_log'(位于文件 1 上)处理了 2 页。

backup database 成功处理了 322 页,花费 0.355 秒(7.065 MB/秒)。

(2) 9:00 时:向数据表 Course 插入一条记录。

```
use st
insert into course values('大学英语',3,null,'王晓晓')
```

(3) 10:00 时:备份事务日志到设备 sdatalog。

```
backup log st to sdatalog
```

运行结果如下:

已为数据库'st',文件'st_log'(位于文件 1 上)处理了 4 页。

backup log 成功处理了 4 页，花费 0.085 秒(0.350 MB/秒)。

(4) 11:00 时：向课程数据表 Course 插入一条记录。

```
use st
insert into course values('动态网页制作',3,null,'叶红')
```

(5) 12:00 时：备份事务日志到设备 sdatalog。

```
backup log st to sdatalog
```

运行结果如下：

已为数据库'st'，文件'st_log'(位于文件 2 上)处理了 1 页。

backup log 成功处理了 1 页，花费 0.081 秒(0.024 MB/秒)。

(6) 13:00 时：备份数据库到设备 sdata。

```
backup database st to sdata
```

运行结果如下：

已为数据库'st'，文件'st'(位于文件 2 上)处理了 320 页。

已为数据库'st'，文件'st_log'(位于文件 2 上)处理了 2 页。

backup database 成功处理了 322 页，花费 0.354 秒(7.091 MB/秒)。

(7) 14:00 时：向数据表 Course 插入一条记录。

```
use st
insert into course values('网络编程',3,null,'王海平')
```

(8) 16:00 时：备份事务日志到设备 sdatalog。

```
backup log st to sdatalog
```

运行结果如下：

已为数据库'st'，文件'st_log'(位于文件 3 上)处理了 3 页。

backup log 成功处理了 3 页，花费 0.092 秒(0.196 MB/秒)。

(9) 假设 19:00 时删除了添加的 3 条记录。

(10) 21:00 时：出现故障，数据库丢失。

任务：要求利用数据库备份还原 16:00 之前的所有数据，如图 8-16 所示。

课程号	课程名	学分	先行课	教师
1	数据库	4	5	陈运命
2	数学	2	null	赵宝强
3	信息系统	4	1	李好
4	操作系统	3	6	王三
5	数据结构	4	7	刘超
6	英语	null	null	王明
7	大学英语	3	null	王晓晓
8	动态网页制作	3	null	叶红
9	网络编程	3	null	王海平

图 8-16　15:00 时数据库状态

方法一：使用13:00时的数据库完整备份和16:00时的事务日志备份。

```
restore database st
from sdata
with file=2,replace,norecovery
go
restore log st
from sdatalog
with file=3
```

备注：master为当前数据库，有时SQL Server要关闭再重新打开。

方法二：使用以前的数据库备份（早于最后一次创建的数据库备份）还原数据库。

使用6:00时的数据库备份，按照顺序依次恢复10:00、12:00、16:00时的事务日志备份。

```
restore database st
from sdata
with file=1,replace,norecovery
go
restore log st
from sdatalog
with file=1,replace,norecovery
go
restore log st
from sdatalog
with file=2,replace,norecovery
go
restore log st
from sdatalog
with file=3
```

注释：能否用6:00时的完整备份和16:00时的事务日志备份还原数据库？

例8-12 进行如下操作。

(1) 设置数据库st，并将其恢复模式设置为“完整”。

(2) 6:30时，我们对数据库进行一次完全备份，命令如下：

```
exec sp_addumpdevice 'disk','studenttest2','d:\data\studenttest2.bak'
backup database st to studenttest2
```

运行结果如下：

已为数据库'st'，文件'st'(位于文件 1 上)处理了 320 页。

已为数据库'st'，文件'st_log'(位于文件 1 上)处理了 2 页。

backup database 成功处理了 322 页，花费 0.318 秒(7.896 MB/秒)。

(3) 9:56 时，执行以下命令。

```
use st
select *
into abc
from sc
where 成绩>60
```

(4) 9:57 时将表 abc 删除。

(5) 10:00 时发现 abc 被误删，希望恢复到 9:57 以前的状态。

恢复误删的表 abc，即回到 9:56 时的状态，操作步骤如下：

① 该数据库进行一次事务日志备份。

```
backup log st to studenttest2
```

运行结果如下：

已为数据库'st'，文件'st_log'(位于文件 2 上)处理了 5 页。

backup log 成功处理了 5 页，花费 0.089 秒(0.389 MB/秒)。

② 采用“时点还原”，并指定时间为 9:56。

```
use master
restore database st
from studenttest2
with file=1,replace,norecovery
go
restore log st
from studenttest2
with file=2,recovery,replace,stopat='20150918 9:56:59'
```

运行结果如下：

已为数据库'st'，文件'st'(位于文件 1 上)处理了 320 页。

已为数据库'st'，文件'st_log'(位于文件 1 上)处理了 2 页。

restore database 成功处理了 322 页，花费 0.437 秒(5.746 MB/秒)。

已为数据库'st'，文件'st'(位于文件 2 上)处理了 0 页。

已为数据库'st'，文件'st_log'(位于文件 2 上)处理了 5 页。

restore log 成功处理了 5 页，花费 0.116 秒(0.298 MB/秒)。

注释:还原恢复了 abc 的数据和表结构。

主要测评项目		学生自评			
		A	B	C	D
专业知识	事务日志还原				
小组配合	成果交流与共享				
小组评价	掌握事务日志还原				
教师评价	掌握事务日志还原				

项目四
分离和附加数据库

分离和附加数据库。

任务1 分离数据库

分离数据库。

任务分析

掌握分离数据库的代码和操作步骤。

任务实施

分离数据库是指将数据库从 SQL Server 实例中删除，但使数据库在其数据文件和事务日志文件中保持不变。之后，就可以使用这些文件将数据库附加到任何 SQL Server 实例，包括分离该数据库的服务器。

例 8-13 从 SQL Server 实例分离数据库 st。

方法一：使用 SSMS 图形工具。

步骤如下：

(1) 打开 SSMS，在“对象资源管理器”窗口中，展开“数据库”结点，右击数据库 st，在弹出式菜单中依次选择“任务”→“分离”。

(2) 在出现的“分离数据库”窗口中，如图 8-17 所示。一般单击“确定”即可。

方法二：使用 SQL 命令。

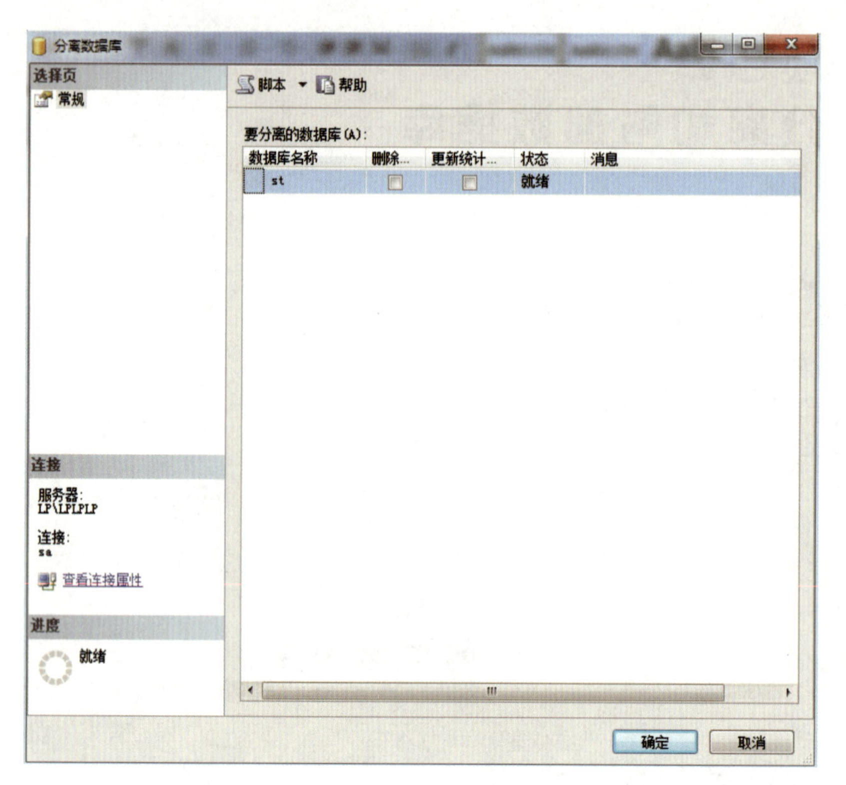

图 8-17　分离数据库窗口

sp_detach_db st

主要测评项目		学生自评			
		A	B	C	D
专业知识	分离数据库的代码和操作步骤				
小组配合	成果交流与共享				
小组评价	掌握分离数据库的代码和操作步骤				
教师评价	掌握分离数据库的代码和操作步骤				

任务 2
附加数据库

附加数据库。

任务分析

掌握附加数据库的代码和操作步骤。

数据库包含的文件随数据库一起附加。

例 8－14　附加数据库 st 到 SQL Server 服务器中。

方法一：使用 SSMS。

步骤如下：

(1) 打开 SSMS，在“对象资源管理器”窗口中，展开“数据库”结点，右击数据库，在弹出式菜单中选择“附加”命令。出现如图 8－18 窗口。

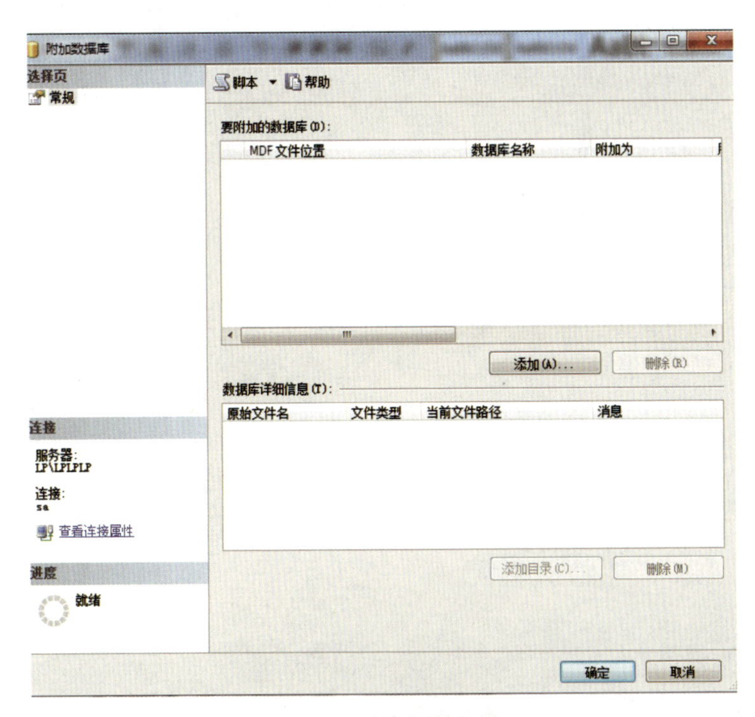

图 8－18　附加数据库窗口

（2）在出现的“附加数据库”窗口中，单击“添加”按钮，选择 st. mdf 的路径，然后单击“确定”即可。

方法二：使用 SQL 命令。

sp_attach_db 'st','C：\Data\st. mdf','C：\Data\st_Log. Ldf'

任务评价

主要测评项目		学生自评			
		A	B	C	D
专业知识	附加数据库的代码和操作步骤				
小组配合	成果交流与共享				
小组评价	掌握附加数据库的代码和操作步骤				
教师评价	掌握附加数据库的代码和操作步骤				

项目五 数据导入导出

学习目标

数据导入导出。

任务1 数据导出

任务描述

数据导出。

任务分析

掌握数据导出的操作步骤。

任务实施

导入和导出数据通过一个向导程序"数据转换服务(简称 DTS)"实现作用,其作用是使 SQL Server 与任何 OLE DB、ODBC、JDBC 或文本文件等多种不同类型的数据库之间实现数据传递。

例 8-15 使用 SSMS 将 ST 数据库的数据导出到 excel 文件 st. xls 中。

步骤如下:

(1) 打开 SSMS,在"对象资源管理器"窗口中,展开"数据库"结点,右击数据库 st,在弹出式菜单中选择"导出数据"命令。出现如图 8-19 窗口,并进行设置。

(2) 单击"下一步"按钮,出现如图 8-20 窗口,并进行设置。

(3) 单击"下一步"按钮,出现如图 8-21 窗口,并进行设置。

(4) 单"下一步"按钮,最后单击"完成"按钮,完成数据导出。查看 st. xls 文件数据。

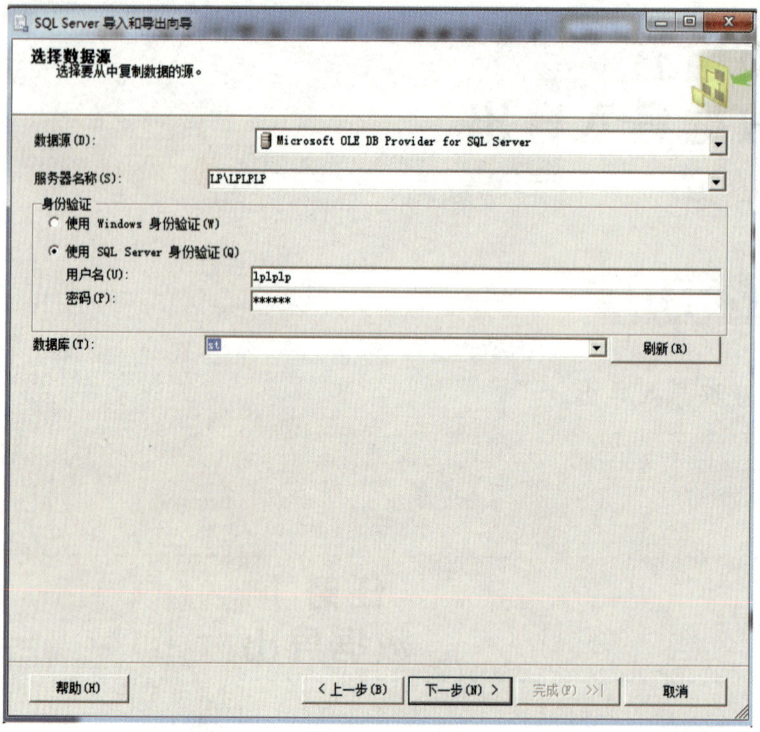

SQL Server 导入和导出向导

选择数据源

选择要从中复制数据的源。

数据源(D)：Microsoft OLE DB Provider for SQL Server

服务器名称(S)：LP\LPLPLP

身份验证

使用 Windows 身份验证(W)

使用 SQL Server 身份验证(Q)

用户名(U)：lplplp

密码(P)：******

数据库(T)：st　　刷新(R)

帮助(H)　　< 上一步(B)　　下一步(N) >　　完成(F) >>|　　取消

图 8－19　SQL Server 导入导出向导(1)

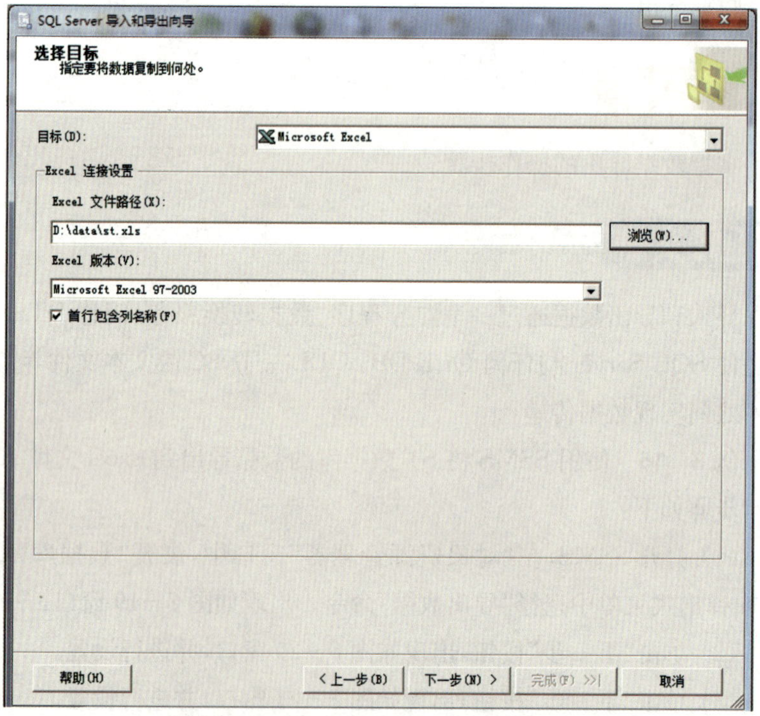

SQL Server 导入和导出向导

选择目标

指定要将数据复制到何处。

目标(D)：Microsoft Excel

Excel 连接设置

Excel 文件路径(X)：

D:\data\st.xls　　浏览(W)...

Excel 版本(V)：

Microsoft Excel 97-2003

首行包含列名称(F)

帮助(H)　　< 上一步(B)　　下一步(N) >　　完成(F) >>|　　取消

图 8－20　SQL Server 导入导出向导(2)

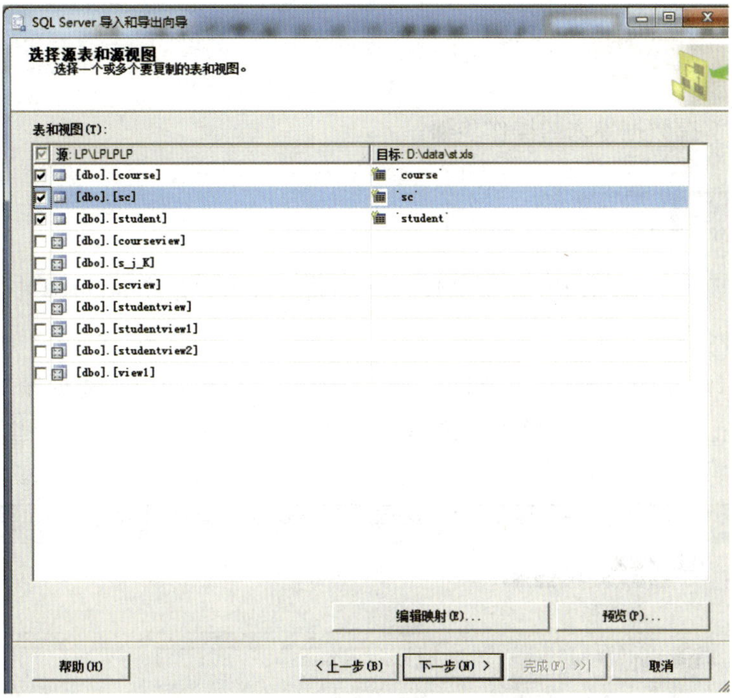

图 8－21　SQL Server 导入导出向导(3)

任务评价

主要测评项目		学生自评			
		A	B	C	D
专业知识	数据导出				
小组配合	成果交流与共享				
小组评价	掌握数据导出				
教师评价	掌握数据导出				

任务 2 数据导入

任务描述

数据导入。

任务分析

掌握数据导入的操作步骤。

任务实施

例 8-16 使用 excel 文件 st. xls，将其导入数据库 st_back 中。

步骤如下：

(1) 打开 SSMS，在“对象资源管理器”窗口中，展开“数据库”结点，右击数据库 st_back，在弹出式菜单中选择“导入数据”命令。出现如图 8-22 窗口，并进行设置。

图 8-22 SQL Server 导入导出向导(4)

(2) 单击“下一步”按钮，出现如图 8-23 窗口，并进行设置。

(3) 单击“下一步”按钮，出现如图 8-24 窗口，并进行设置。

(4) 单击“下一步”按钮，最后单击“完成”按钮，完成数据导入。查看数据库 st_back 数据。

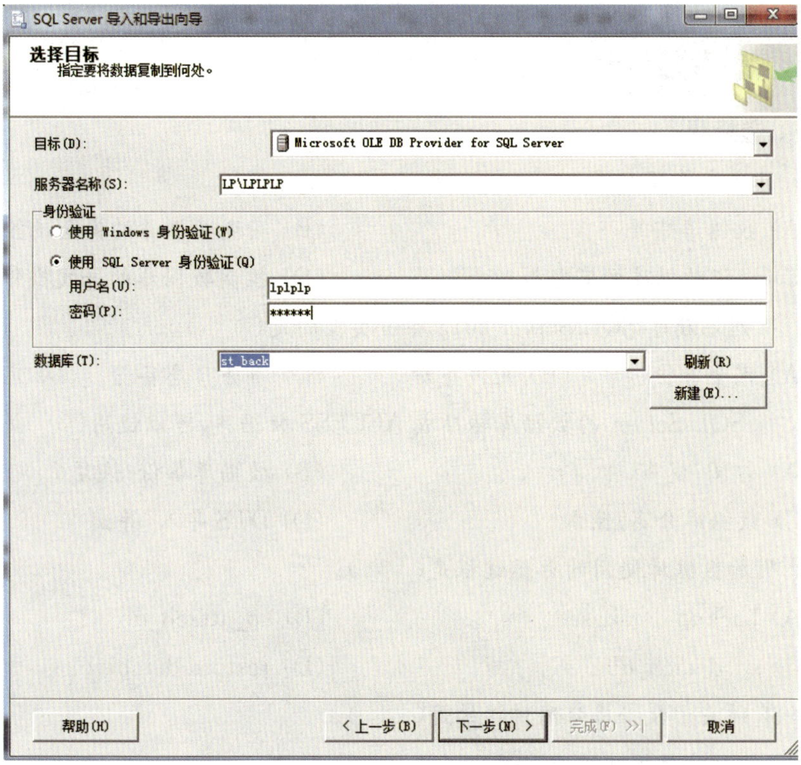

SQL Server 导入和导出向导

选择目标
指定要将数据复制到何处。

目标(D): Microsoft OLE DB Provider for SQL Server
服务器名称(S): LP\LPLPLP
身份验证
使用 Windows 身份验证(W)
使用 SQL Server 身份验证(Q)
用户名(U): lplplp
密码(P): ******
数据库(T): st_back
刷新(R)
新建(E)...

帮助(H)　< 上一步(B)　下一步(N) >　完成(F) >>|　取消

图 8-23　SQL Server 导入导出向导(5)

SQL Server 导入和导出向导

选择源表和源视图
选择一个或多个要复制的表和视图。

表和视图(T):

源: D:\data\st.xls	目标: LP\LPLPLP
`course`	[dbo].[course]
`course$`	
`sc`	[dbo].[sc]
`sc$`	
`Sheet1$`	
`Sheet2$`	
`Sheet3$`	
`student`	[dbo].[student]
`student$`	

编辑映射(E)...　预览(P)...

帮助(H)　< 上一步(B)　下一步(N) >　完成(F) >>|　取消

图 8-24　SQL Server 导入导出向导(6)

习题 8

一、选择题

1. 日志文件可以用于(　　)。

(A) 数据库恢复　　(B) 实现数据库的安全性控制

(C) 保证数据库的完整性　　(D) 控制数据库的并发操作

2. 下列不属于 SQL Server 2012 备份类型的是(　　)。

(A) 完全备份　　(B) 文件备份　　(C) 事务日志备份　　(D) 定时备份

3. 将 SQL Server 的数据库转换成 ACCESS 数据库,可以使用(　　)来实现。

(A) 订阅/发布　　(B) 数据库备份/恢复

(C) 数据库分离/附加　　(D) DTS 导入/导出

4. 附加数据库使用的存储过程是(　　)。

(A) backup database　　(B) sp_attach_db

(C) sp_detach_db　　(D) restore database

5. 下列关于数据库分离错误的是(　　)。

(A) model 数据库可以分离

(B) 数据库分离后对应的数据库文件依然存在

(C) 数据库分离实质上是断开了物理文件和数据库服务器的连接

(D) 分离后的数据库文件可以附加到另一台物理机器上

二、简答题

1. 什么是备份设备?

2. 完全备份有哪些优点和缺点。

3. 什么是差异备份? 差异备份有哪些优点和缺点。

任务评价

主要测评项目		学生自评			
		A	B	C	D
专业知识	数据导入				
小组配合	成果交流与共享				
小组评价	掌握数据导入				
教师评价	掌握数据导入				

实训 8

数据库备份与恢复

一、实训目的

1. 理解备份与恢复的概念。

2. 掌握分别使用文件和备份设备进行数据的备份与还原。

二、实训要求

保存实训结果到文本文档。

三、实训步骤(写代码)

1. 对数据库 st 选择简单恢复模型,计划每天 21:00 执行数据库完全备份。

(1) 建立磁盘备份设备 stdevice,物理文件名为 d:\data\stdevice. bak。

(2) 假设周一 21:00 开始第 1 次备份,周五 10:00 时数据发生故障。要求恢复周四 21:00 时数据。

(3) 是否可以利用备份恢复到周三 21:00 时或周五 10:00 时的数据。如果可以,请写出命令;如果不可以,请写出不可恢复的原因及相应的复原办法。

(4) 删除磁盘备份设备 stdevice(包括物理文件)。

模块九
数据库设计与关系规范化理论

本模块主要介绍数据库的设计和关系规范化理论。关系规范化理论，主要包括函数依赖、关系模式的范式。数据库设计分 6 个阶段，分别为需求分析、概念结构设计、逻辑结构设计、物理结构设计、数据库实施和数据库运行和维护。

项目一
关系规范化理论

关系规范化理论，主要包括函数依赖、关系模式的范式。

任务 1
函数依赖

任务描述

掌握函数依赖的定义和实例。

任务分析

掌握函数依赖的定义和实例。

任务实施

关系规范化理论是研究如何将一个不好的关系模型转化为一个好的关系模型的理论。通过创建某一关系中的规范化准则，既可以方便数据库中数据的处理，又可以给程序设计带来方便。规范化的基本思想是逐步消除数据依赖关系中不合适的部分，使相互依赖的数据达到有效的分离。规范化理论认为，关系数据库中每一个关系都要满足一定的规范。关系模型的规范化理论包括 3 方面的内容：数据依赖、NF 范式(Normal Form)和模式设计方法。其中数据依赖是核心。

规范化理论的实质是通过模式分解，将低一级范式的关系模式分解成了若干个高一级范式的关系模式的集合。一般范式为第一范式(1NF)、第二范式(2NF)、第三范式(3NF)、BC 范式、第四范式(4NF)、第五范式(5NF)等，范式的级别越高，条件越严格。

定义 1:R(U)为任一给定关系模式。U 为其中所含全部属性,X,Y 为 U 中的属性子集。如果对于 R(U)中属性值 X 的每一个值,(R 中属性值)Y 都有唯一值对应,则称 X 函数决定 Y,或称 Y 函数依赖于 X,记为 X→Y。

例如:描述一个学生的关系,可以有学号、姓名、出生日期等几个属性。由于一个学号只对应一个学生,一个学生只有一个姓名和一个出生日期,因而,当“学号”值确定之后,姓名和出生日期的值也就被唯一确定了,所以学号→姓名,学号→出生日期。

定义 2:在 R(U)中如果 X→Y,并且对于 X 的任何真子集 X',都有 X'↛Y,则称 Y 对 X 完全函数依赖。

若 X→Y,但 Y 不完全函数依赖于 X,则称 Y 对 X 部分函数依赖。

例如:在学生选课数据表 sc(学号,课程号,成绩)中,一个学生一门课只有一个成绩,所以(学号,课程号)→成绩,称成绩对学号,课程号完全函数依赖。

例如:在学生基本信息表 S,系部分函数依赖(学号,出生日期)。

定义 3:在 R(U)中如果 X→Y,(Y⊈X),Y↛X,Y→Z,则称 Z 对 X 传递函数依赖。

例如:关系 SD(学号,姓名,系名,系主任),该关系模式存在着学号→系名→系主任,即系主任传递依赖于学号。

定义 4:在关系模式 R(U)中,若 K⊆U,且满足 K→U,则称 K 为 R 的关键字(候选码)。关键字是完全函数决定关系的属性全集。若候选码多于一个,则选定其中一个为主码(主关键字)。

候选码的诸属性称为主属性。不包含在任何候选码中的属性称为非码属性。

问题的提出:学生(用学号 sno 描述),系(用系名 sdept 描述),系负责人(用其姓名 MN 描述),课程(用课程名 Cname 描述)和成绩(G)。于是得到一组属性。

U={sno,sdept,mn,cname,g}

由现实世界的已知事实得知:

(1) 一个系有若干学生,但一个学生只属于一个系。

(2) 一个系只有一名(正职)负责人。

(3) 一个学生可以选修多门课程,每门课程有若干学生选修。

(4) 每个学生学习每一门课程有一个成绩。

于是得到属性组 U 上的一组函数依赖:

F={sno→sdept,sdept→mn,(sno,cname)→g}

如果只考虑函数依赖这一种数据依赖,就得到了描述一个描述学校的数据库模式 S<U,F>,它由一个单一的关系模式构成。这个模式有下述三个漏洞:

(1) 如果一个系刚成立尚无学生,或者有了学生尚未安排课程。那么就无法把这个系及其负责人的信息存入数据库,称为插入异常。因为插入元组时必须给定码值,而这时码值得一部分为空,因而学生的固有信息无法插入。

(2) 反过来,如果某个系的学生全部毕业了,在删除该系学生选修课程的同时,把这个系及其负责人的信息也丢掉了，称为删除异常。

(3) 冗余太大。比如，每一个系负责人的姓名要与该系每个学生的每一门功课的成绩出现的次数一样多。这样，一方面浪费存储，另一方面系统要付出很大的代价来维护数据库的完整性。比如某系负责人更换后，就必须逐一修改有关的每一个数组。

这是因为这个模式中的函数依赖存在某些不好的性质。可以把这个单一的模式改造一下，分成三个关系模式：

S(sno,sdept,sno→sdept)；

SG(sno,cname,g,(sno,cname)→g)；

DEPT(sdept,mn,sdept→mn)。

任务评价

主要测评项目		学生自评			
		A	B	C	D
专业知识	函数依赖				
小组配合	讨论和交流				
小组评价	掌握函数依赖的定义和实例				
教师评价	掌握函数依赖的定义和实例				

任务 2 关系模式的范式

任务描述

常用的关系模式的范式。

任务分析

掌握关系模式的范式和实例。

任务实施

关系模式的规范化的任务降低数据冗余，消除更新异常、插入异常和删除异常，方便用户使用，简化查询统计操作，加强数据独立性。

1NF 的定义：设 R 是一个关系模式，如果 R 中每个属性都是不可分解的，则称 R 是第一范式，记为 R∈1NF。

例如关系 T(教师，课程)，如表 9-1 所示。属性"课程"的值域包含了两门课程，是可以被分解的，因此关系 T 不属于第一范式 1NF，分解值域，如表 9-2 所示，就成为第一范式的关系模式。

表 9-1 关系 T

教师	课程
陈好	数据结构、数据库
张学锋	网络与通信

表 9-2 关系 Te

教师	课程
陈好	数据结构
陈好	数据库
张学锋	网络与通信

例如有关系 p(工号，姓名，工资(基本工资，津贴，奖金))，该关系存在的属性"工资"不是最小的逻辑存储单位，方法是分解属性，使它们仅含单纯值，关系 p(工号，姓名，基本工资，津贴，奖金)属于第一范式。

2NF 的定义：如果关系模式 R 是第一范式，且每个非码属性都完全依赖于码属性，则称 R 是第二范式，记为 R∈2NF。

下面举一个不是 2NF 的例子。

关系模式 S-L-C(<u>sno</u>，sdept，sloc，<u>cno</u>，G)

其中 sloc 为学生的住处，并且每个系的学生住在同一个地方。这里码为(sno，cno)。函数依赖有：

(1) G 完全函数依赖于(sno，cno)。

(2) sdept 函数依赖于 sno。

(3) sloc 函数依赖于 sno。

(4) sdept 部分函数依赖于(sno，cno)。

(5) sloc 部分函数依赖于(sno，cno)。

一个关系模式 R 不属于 2NF，就会产生如下问题：

(1) 插入异常。假若要插入一个学生 sno=S7，sdept=CS，sloc=BLD2，但该生还未选课，即这个学生无 cno，这样的元组就插不进 S-L-C 中。因为插入元组时必须给定码值，而这时码值的一部分为空，因而学生的固有信息无法插入。

（2）删除异常。假定某个学生只选一门课，如 S4 就选了一门课 C3。现在 C3 这门课他也不选了，那么 C3 这个数据项就要删除。而 C3 是主属性，删除了 C3，整个元组必须跟着删除，使得 S4 的其他信息也被删除了，从而造成删除异常，即不应该删除的信息也删除了。

（3）修改复杂。某个学生从数学系（MA）转到计算机科学系（CS），这本来只需修改此学生元组中的 sdept 分量。但因为关系模式 S－L－C 中还含有系的住处 sloc 属性，学生转系将同时改变住处，因而还必须修改元组中的 sloc 分量。另外，如果这个学生选修了 K 门课，sdept，sloc 重复存储了 K 次，不仅存储冗余度大，而且必须无遗漏地修改 K 个元组中全部 sdept，sloc 信息，造成修改的复杂化。

分析上面的例子，可以发现问题在于有两种非主属性。一种如 G，它对码完全函数依赖。另一种如 sdept，sloc，对码不是完全函数依赖。解决的办法是用投影分解把关系模式 S－L－C 分解为两个关系模式。

SC(sno，cno，G)

SL(sno，sdept，sloc)

关系模式 SC 的码为(sno，cno)，关系模式 SL 的码为 sno，这样就使得非主属性对码都是完全函数依赖了。

3NF 的定义：如果关系模式 R 是第二范式，且没有一个非码属性传递依赖于码，则称 R 是第三范式，记为 R∈3NF。

以下面两个关系模式为例。

SC(sno，cno，G)

SL(sno，sdept，sloc)

关系模式 SC 没有传递依赖，属于 3NF，而关系模式 SL 存在非主属性对码传递依赖，因为 sno→sdept，(sdept→sno)，sdept↛sloc，可得 sno→sloc。解决办法将关系模式 SL 分解：

S-D(sno，sdept)

D-L(sdept，sloc)

任务评价

主要测评项目		学生自评			
		A	B	C	D
专业知识	常用的关系模式的范式				
小组配合	讨论和交流				

续　表

主要测评项目		学生自评			
		A	B	C	D
小组评价	掌握常用的关系模式的范式				
教师评价	掌握常用的关系模式的范式				

项目二 数据库设计的过程

数据库设计的步骤。

任务1 数据库设计方法简述

任务描述

掌握数据库设计方法简述。

任务分析

掌握数据库设计方法简述。

任务实施

1978年10月,来自30多个欧美国家的主要数据库专家在美国新奥尔良市专门讨论了数据库设计问题,针对直观设计法存在的缺点和不足,提出了数据库系统设计规范化的要求,将数据库设计分为4个阶段,即需求分析、概念结构设计、逻辑结构设计和物理结构设计阶段。此后,S. B. Yao等提出了数据库设计的5个步骤,增加了数据库实现阶段,从而逐渐形成了数据库规范化设计方法。常用的规范化设计方法主要有:基于3NF的数据库设计方法、基于实体联系的数据库设计方法以及基于视图概念的数据库设计方法等。基于3NF的数据库设计方法其基本思想是在需求分析的基础上,识别并确认数据库模式中的全部属性和属性之间的依赖,将它们组织在关系模式中,然后再分析模式中不符合3NF的约束条件,用投影等方法将其分解,使其达到3NF的条件。基于实体联系(E-R图)的数据库设计方法是通过E-R图的形式描述数据之间的关系，基本思想是在需求分析的基础上，用 E－R 图构造一个纯粹反映现实世界实体(集)之间内在联系的组织模式，然后在将此组织模式转换成选定的 DBMS 上的数据模式。基于视图概念的数据库设计方法，其基本思想是先从分析各个应用的数据着手，为各个应用建立各自的视图，然后再把这些视图汇总起来合并成整个数据库的概念模式。

计算机辅助设计主要有 ORACLE Designer 2000、SYBASE PowerDesigner。

主要测评项目		学生自评			
		A	B	C	D
专业知识	数据库设计方法简述				
小组配合	讨论和交流				
小组评价	掌握数据库设计方法简述				
教师评价	掌握数据库设计方法简述				

任务 2 数据库设计的基本步骤

任务描述

掌握数据库设计的基本步骤。

任务分析

掌握数据库设计的基本步骤。

任务实施

数据库设计分 6 个阶段，分别为需求分析、概念结构设计、逻辑结构设计、物理结构设计、数据库实施和数据库运行和维护，其中需求分析和概念设计独立于任何数据库管理系统，逻辑设计和物理设计与选用的 DBMS 密切相关。

1. 需求分析阶段

进行准确了解与分析用户需求(包括数据与处理)，是最重要的一步。作为地基的需求分析是后续各步骤的基础。需求分析对客观世界的对象进行调查、分析和命名，标识并构造出一个简明的全局数据视图，是整个企业信息的轮廓框架。常用数据流图和数据字典结合使用来表示企业的信息。

2. 概念结构设计

整个数据库设计的关键，通过对用户需求进行综合、归纳与抽象，形成一个独立于具体 DBMS 的概念模型。数据库的概念结构通常用 E－R 模型来刻画。

3. 逻辑结构设计

将概念结构转换为某个 DBMS 所支持的数据模型，对其进行优化。它已成为影响数据库设计质量的一项重要工作。

4. 物理结构设计

为逻辑数据模型选取一个最适合应用环境的物理结构（包括存储结构和存取方法）。

5. 数据库实施

即数据库调试、试运行阶段。系统运行的初始阶段，要载入数据库数据，以生成完整的数据库，编制有关应用程序，进行联机调试并转入试运行，同时进行时间、空间等性能分析，若不符合要求，则需调整物理结构、修改应用程序，直至高效、稳定、正确地运行该数据库系统为止。

6. 数据库运行和维护阶段

数据库应用系统经过试运行后即可投入正式运行，在数据库系统运行过程中必须不断地对其进行评价、调整与修改。

设计一个完善的数据库应用系统往往是上述六个阶段的不断反复，把数据库设计和对数据库中数据处理的设计紧密结合起来，将这两个方面的需求分析、抽象、设计、实现在各个阶段同时进行，相互参照，相互补充，以完善两方面的设计。

主要测评项目		学生自评			
		A	B	C	D
专业知识	数据库设计的基本步骤				
小组配合	讨论和交流				
小组评价	掌握数据库设计的基本步骤				
教师评价	掌握数据库设计的基本步骤				

任务 3
数据库设计的基本步骤之需求分析

任务描述

需求分析。

任务分析

掌握需求分析的任务和方法。利用数据流图和数据字典描述用户需求的方法。

任务实施

需求分析是整个数据库设计过程的第一步，也是最重要的一步，是其他后续各步骤的基础。它对客观世界的对象进行调查、分析和命名，标识并构造出一个简明的全局数据流图，是整个企业信息的轮廓框架，并独立于任何具体的 DBMS。

1. 需求分析的任务

需求分析的任务是详细调查现实世界要处理的对象（组织、部门、企业等），充分了解原系统（手工系统或计算机系统），明确用户的各种需求，确定新系统的功能，充分考虑今后可能的扩充和改变。

调查的重点是“数据”和“处理”，获得用户对数据库要求：

- 信息要求。指用户需要从数据库中获得信息的内容与性质。由信息要求可以导出数据要求，即在数据库中需要存储哪些数据。
- 处理要求。指用户要完成什么处理功能，对处理的响应时间有什么要求，处理方式是批处理还是联机处理。
- 安全性与完整性要求。确定用户最终需求，用户缺少计算机知识，设计人员缺少用户的专业知识，解决方法是设计人员必须不断深入地与用户进行交流。

2. 需求分析的方法

进行需求分析首先是调查清楚用户的实际要求，与用户达成共识，然后分析与表达这些需求。

调查用户需求的具体步骤：

- 调查组织机构情况。包括了解该组织的部门组织情况、各部门的职责等，为分析流程做准备。

- 调查各部门的业务活动情况。包括了解各个部门输入和使用什么数据，如何加工处理这些数据，输出什么信息，输出到什么部门，输出结果的格式是什么，这是调查的重点。
- 确定新系统的边界。对前面调查的结果进行初步分析，确定哪些功能由计算机完成或将来准备由计算机完成，哪些活动由人工完成。由计算机完成的功能就是新系统应该实现的功能。
- 在熟悉业务活动的基础上，协助用户明确对新系统的各种要求。包括信息要求、处理要求、完全性和完整性要求。

在调查过程中，可以根据不同的问题和条件，使用不同的调查方法。常用的调查方法有：

- 跟班作业。通过亲身参加业务工作来了解业务活动的情况。这种方法可以比较准确地理解用户的需求，但比较耗费时间。
- 开调查会。通过与用户座谈来了解业务活动及用户需求。座谈时，参加者之间可以相互启发。
- 询问。对某些调查中的问题，可以找专人询问。
- 设计调查表请用户填写。如果调查表设计的合理，这种方法是很有效，也易于被用户接受。
- 查阅记录。查阅与原系统有关的数据记录。
- 请专人介绍。

做需求调查时，往往需要同时采用上述多种方法。但无论何种调查方法，都必须有用户的积极参与和配合。

结构化分析方法(Structured Analysis，简称 SA 方法)，从最上层的系统组织机构入手自顶向下、逐层分解分析系统。数据流图(Data Flow Diagram，简称 DFD)表达了数据和处理过程的关系。在 SA 方法中，处理过程的处理逻辑常常借助判定表和判定树来描述。系统中的数据则借助数据字典(Data Dictionary，简称 DD)来描述。

例 9-1 某 B2C 电子商务平台销售数据流图。

B2C 电子商务平台的主要功能：

- 对商品的浏览。
- 收藏和购买商品。
- 填写订单、汇款、发货等。

图 9-1 是数据流图。

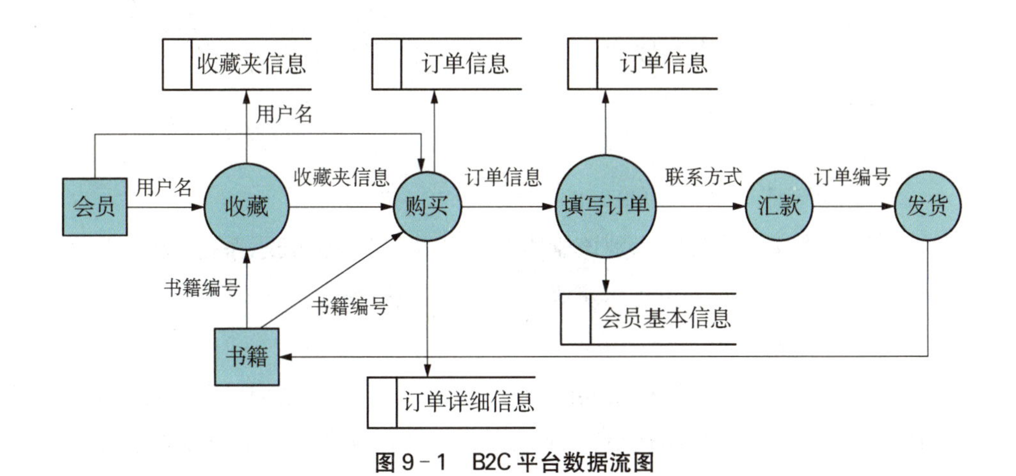

图 9－1　B2C 平台数据流图

注释：□ 数据的源点

○ 变换数据的处理

→ 数据流

数据存储

3. 数据字典

数据流图表达数据和处理的关系，数据字典则是系统中各类数据描述的集合，是进行详细的数据收集和数据分析所获得的主要结果。数据字典在数据库设计中占有很重要的地位。

数据字典的内容通常包括数据项、数据结构、数据流、数据存储和处理过程 5 个部分。其中数据项是数据的最小组成单位，若干个数据项可以组成一个数据结构。数据字典通过对数据项和数据结构的定义来描述数据流、数据存储的逻辑内容。

(1) 数据项。

数据项是不可再分的数据单位。对数据项的描述通常包括以下内容：

数据项描述＝{数据项名，数据项含义说明，别名，数据类型，长度，取值范围，取值含义，与其他数据项的逻辑关系，数据项之间的联系}。

其中“取值范围”、“与其他数据项的逻辑关系”(例如该数据项的等于另几个数据项之和，该数据项值等于另一数据项值等)定义了数据的完整性约束条件，是设计数据检验功能的依据。

例 9－2　学生学籍管理子系统的数据字典。

数据项，以“学号”为例。

数据项：　学号。

含义说明：唯一标识每个学生。

别名：　　学生编号。

类型：　　字符型。

长度：　　8。

取值范围：0 至 99 999 999。

取值含义：前两位标别该学生所在年级，第 3 位表示系部，第 4 位表示专业，第 5—6 位表示班级，后两位按顺序编号。

(2) 数据结构。

数据结构反映了数据之间的组合关系。一个数据结构可以由若干个数据项组成，也可以由若干个数据结构组成，或由若干个数据项和数据结构混合组成。

对数据结构的描述：

数据结构描述＝{数据结构名，含义说明，组成:{数据项或数据结构}}。

例 9-3　以"学生"为例。

"学生"是该系统中的一个核心数据结构。

数据结构：　学生。

含义说明：　是学籍管理子系统的主体数据结构，定义了一个学生的有关信息。

组成：　　　学号，姓名，性别，出生日期，所在系，手机号码，家庭地址。

(3) 数据流。

数据流是数据结构在系统内传输的路径。

对数据流的描述如下：

数据流描述＝{数据流名，说明，数据流来源，数据流去向，组成:{数据结构}，平均流量，高峰期流量}。

例 9-4　"体检结果"可如下描述：

数据流：　　体检结果。

说明：　　　学生参加体格检查的最终结果。

数据流来源：体检。

数据流去向：批准。

组成：　　　……

平均流量：　……

高峰期流量：……

(4) 数据存储。

数据存储是数据结构停留或保存的地方，也是数据流的来源和去向之一。

对数据存储的描述如下：

数据存储描述＝{数据存储名，说明，编号，输入的数据流，输出的数据流，组成:{数据结构}，数据量，存取频度，存取方式}。

其中“存取频度”指每小时或每天或每周存取几次、每次存取多少数据等信息。“存取方式”包括批处理还是联机处理；是检索还是更新；是顺序检索还是随机检索等。另外，“输入的数据流”要指出其来源，“输出的数据流”要指出其去向。

例 9－5 “学生登记表”可如下描述：

数据存储：学生登记表。

说明：记录学生的基本情况。

流入数据流：……

流出数据流：……

组成：……

数据量：每年 3 000 张。

存取方式：随机存取。

(5) 处理过程。

具体处理逻辑一般用判定表或判定树来描述。

处理过程说明性信息的描述。

处理过程描述＝{处理过程名，说明，输入：{数据流}，输出：{数据流}，处理：{简要说明}}。

其中“简要说明”中主要说明该处理过程的功能及处理要求。功能是指该处理过程用来做什么(而不是怎么做)，处理要求包括处理频度要求，如单位时间里处理多少事务、多少数据量、响应时间等。

例 9－6 “分配宿舍”可如下描述：

处理过程：分配宿舍。

说明：为所有新生分配学生宿舍。

输入：学生，宿舍。

输出：宿舍安排。

处理：在新生报到后，为所有新生分配学生宿舍。要求同一间宿舍只能安排同一性别的学生，同一个学生只能安排在一个宿舍中。每个学生的居住面积不小于 3 平方米。安排新生宿舍其处理时间应不超过 15 分钟。

主要测评项目		学生自评			
		A	B	C	D
专业知识	需求分析				
小组配合	讨论和交流				

续 表

主要测评项目		学生自评			
		A	B	C	D
小组评价	数据流图和数据字典				
教师评价	掌握需求分析的步骤、数据流图和数据字典的使用				

任务 4 数据库设计的基本步骤之概念结构设计

任务描述

概念结构设计。

任务分析

掌握概念结构设计的方法与步骤。利用 E-R 模型描述系统概念结构的方法。

任务实施

将需求分析得到的用户需求抽象为信息结构即概念模型的过程就是概念结构设计。

1. 概念结构

概念结构是各种数据模型的共同基础，它比数据模型更独立于机器、更抽象，从而更加稳定。概念结构设计是整个数据库设计的关键。

概念结构设计的特点：

- 能真实、充分地反映现实世界，包括事物和相互之间的关系，能满足用户对数据的处理要求，是现实世界的一个真实模型。
- 易于理解。
- 易于更改。
- 易于向关系、网状、层次等各种数据模型转换。

描述概念模型的工具 E-R 模型。

2. 概念结构设计的方法与步骤

设计概念结构的四类方法：

(1) 自顶向下。

首先定义全局概念结构的框架,然后逐步细化,如图 9-2 所示。

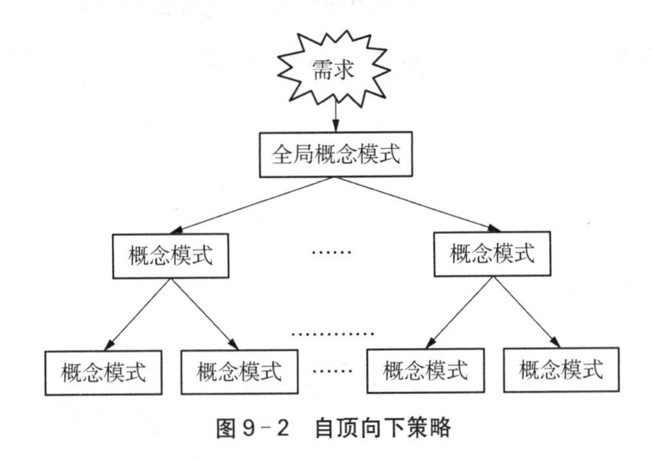

图 9-2　自顶向下策略

(2) 自底向上。

首先定义各局部应用的概念结构,然后将它们集成起来,得到全局概念结构。如图 9-3 所示。

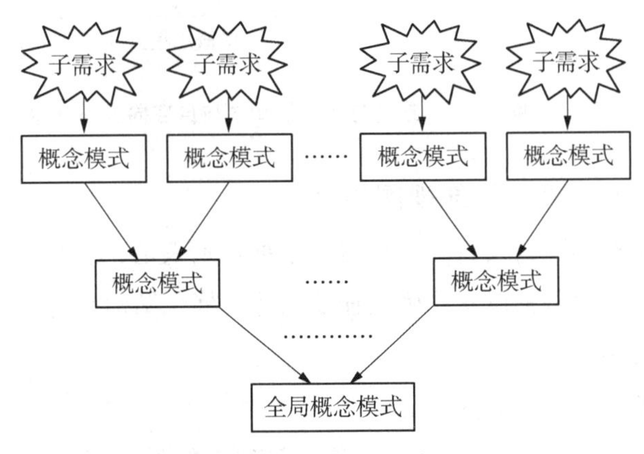

图 9-3　自底向上策略

(3) 逐步扩张。

首先定义最重要的核心概念结构,然后向外扩充,以滚雪球的方式逐步生成其他概念结构,直至总体概念结构。如图 9-4 所示。

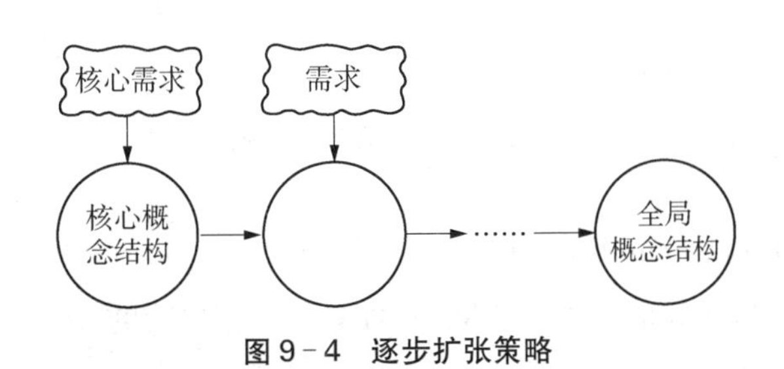

图 9-4　逐步扩张策略

(4) 混合策略。

将自顶向下和自底向上相结合，用自顶向下策略设计一个全局概念结构的框架，以它为骨架集成由自底向上策略中设计的各局部概念结构。

常用策略：自顶向下地进行需求分析，自底向上地设计概念结构。如图 9－5 所示。

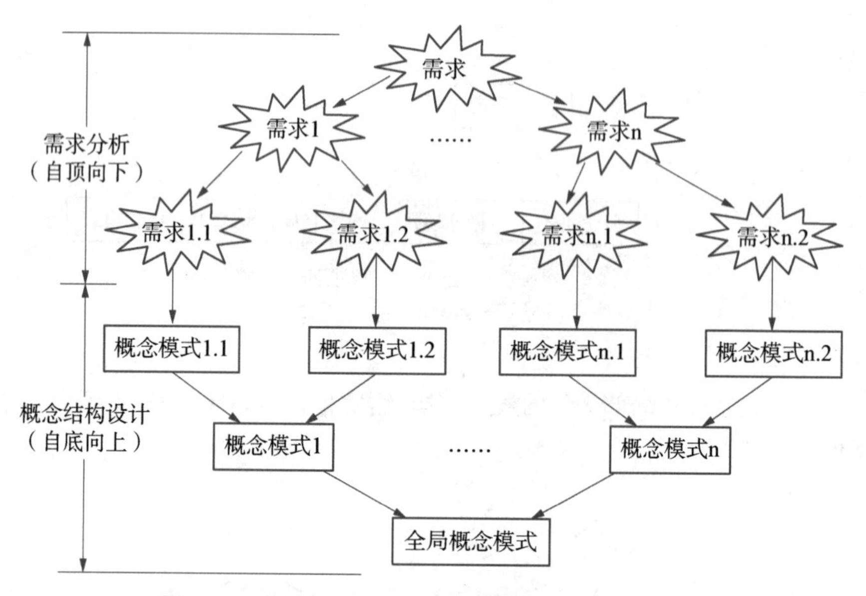

图 9－5　自顶向下分析需求与自底向上设计概念结构

3. 数据抽象与局部视图设计

抽象是对实际的人、物、事和概念中抽取所关心的共同特性，忽略非本质的细节，并把这些特性用各种概念精确地加以描述。概念结构是对现实世界的一种抽象。

两种常用抽象：

(1) 聚集(Aggregation)。

定义某一类型的组成成分，抽象了对象内部类型和成分之间"is part of"的语义。如图 9－6 所示。

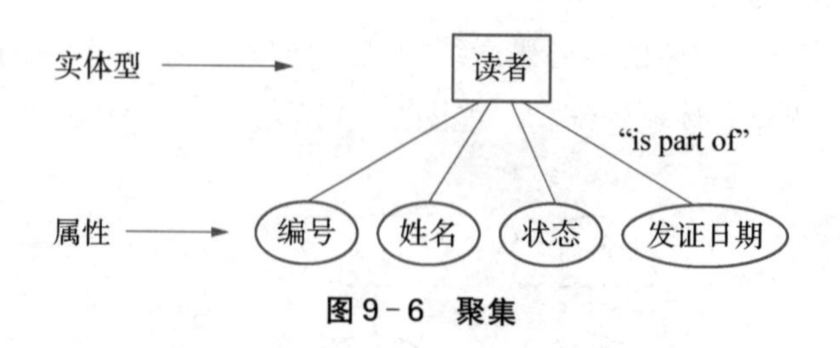

图 9－6　聚集

(2) 概括(Generalization)。

定义类型之间的一种子集联系，抽象了类型之间的"is subset of"的语义。概括有一个很重要的性质:继承性。如图 9-7 所示。

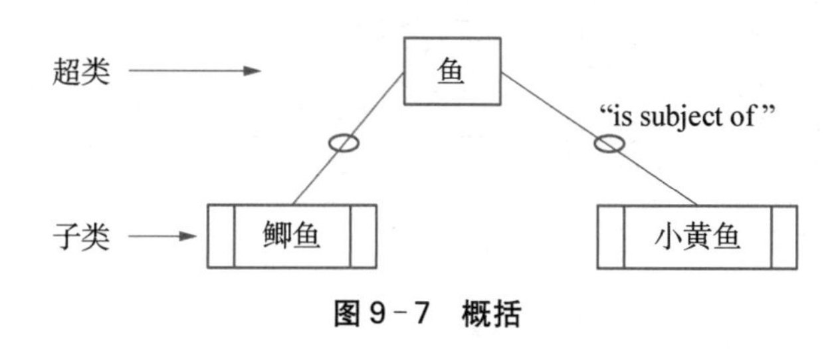

图 9-7 概括

设计分 E-R 图的步骤:

(1) 选择局部应用。

在多层的数据流图中选择一个适当层次的数据流图,作为设计分 E-R 图的出发点。通常以中层数据流图作为设计分 E-R 图的依据。因为 B2C 电子商务平台的数据流图相对简单,所以没有对其某个"变换数据的处理"进行分解,直接对图 9-1 进行设计分 E-R 图。

(2) 逐一设计分 E-R 图。

选择好局部应用之后,就要对每个局部应用逐一设计分 E-R 图,亦称局部 E-R 图。

将各局部应用涉及的数据分别从数据字典中抽取出来,参照数据流图,标定各局部应用中的实体(矩形框表示实体,框内标明实体名)、实体的属性(椭圆框表示,在框内写上属性名)、标识实体的码,确定实体之间的联系(用菱形框表示,框内写上联系名)及其类型(1:1,1:n,m:n),实体与其属性之间以无向边连接,菱形框与相关实体之间亦用无向边连接。

两条准则:

(1) 作为属性必须是不可分的数据项,也就是属性中不能再包含其他属性。

(2) 属性不能与其他实体具有联系。

凡满足上述两条准则的事物,一般均可作为属性对待。

例如:图书馆管理信息系统的读者是一个实体,由编号、姓名、发证日期、状态和类别名,类别名如果没有与类别编号、限借数量、续借次数等有挂钩,换句话说,没有需要进一步描述的特性,则根据准则(1)可以作为读者实体的属性。但如果不同的类别名由不同的类别编号、限借数量、续借次数等属性来描述,则类别名作为一个实体看待更恰当。如图 9-8 所示。

确定了实体及实体间的联系后,每个分 E-R 图必须满足以下条件:

(1) 对用户需求是完整的。

(2) 所有实体、属性、联系都有唯一名字。

(3) 不允许有异名同义、同名异义的现象。

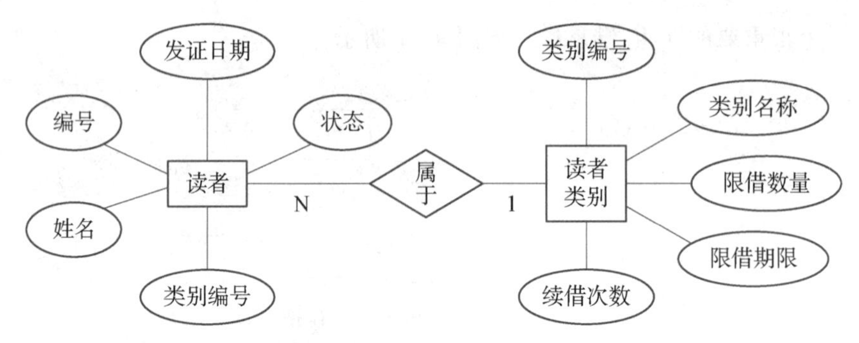

图 9-8 类别名作为一个实体

(4) 无冗余的联系。

例 9-7 B2C 电子商务平台分 E-R 图的设计。

某 B2C 电子商务平台,经过可行性分析和详细调查,确定该公司系统由销售管理、顾客反馈(留言)管理、书籍管理等子系统组成。

由于销售管理不太复杂,设计分 E-R 图从图 9-1 第一层数据流图入手。若某一局部应用仍比较复杂,则可以从更下层的数据流图入手。如图 9-9 所示。

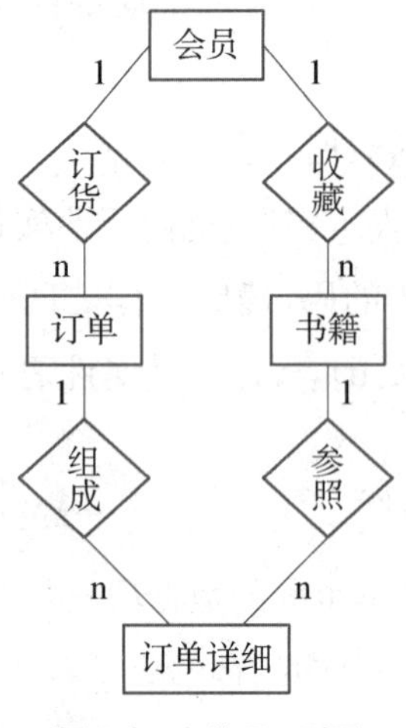

图 9-9 分 E-R 图

对每个实体定义的属性如下:

会员:{用户名,用户密码,级别,密码提示问题,密码答案,用户真实姓名,通信地址,邮政编码,电子邮件,联系电话,QQ,注册时间}。

订单:{订单编号,用户名,总订购书数,客户状态,购买时间,书款合计,应付金额,客户特别要求,管理员是否发货,发货时间,收货人姓名,收货人地址,收货人邮编,收货人电话,收货人 email}。

书籍:{图书编号,ISBN,书名,作者,出版社,版别版次,字数,页数,附带物,kindid,图书进价,定价,打折,内容简介,图书目录,数量,图片,上架时间}。

订单详细:{图书编号,订单编号,订购书数,各书款合计,各应付金额}。

4. 视图的集成

各个局部视图即分 E-R 图建立好后,还需要对它们进行合并,集成为一个整体的数据概念结构即总 E-R 图。一般说来,视图集成可以有如下两种方式:

(1) 多个分 E-R 图一次集成。

一次集成多个分 E-R 图,通常用于局部视图比较简单时。如图 9-10 所示。

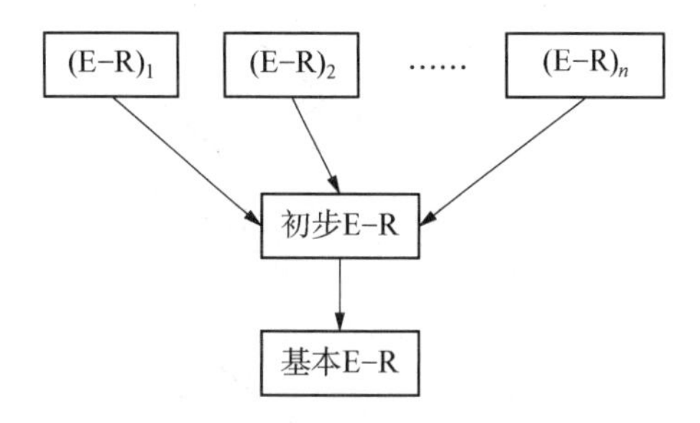

图 9-10 视图集成的第 1 种方式

(2) 逐步集成。

用累加的方式一次集成两个分 E-R 图。每次只集成两个分 E-R 图,可以降低复杂度。如图 9-11 所示。

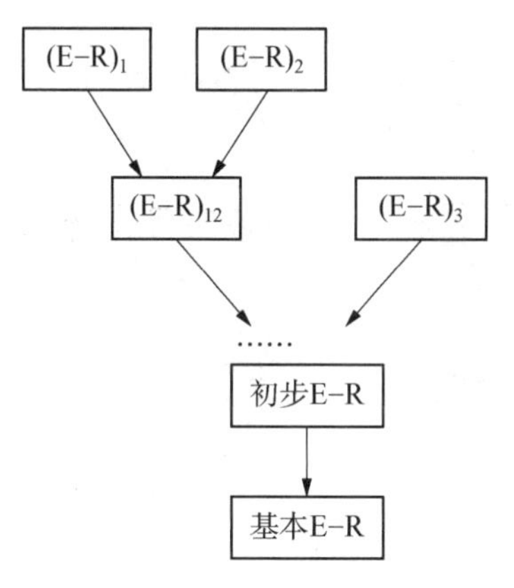

图 9-11 视图集成的第 2 种方式

集成局部 E-R 图的步骤:

(1) 合并。解决各分 E-R 图之间的冲突,将各 E-R 图合并起来生成初步 E-R 图。各 E-R 图之间的冲突主要有 3 类:属性冲突(属性值的类型、取值范围及取值集合不同,取值单位冲突)、命名冲突(同名异义或异名同义)和结构冲突(同一对象在不同应用中具有不同的抽象、同一实体在不同分 E-R 图中所包含的属性个数和属性排列次序不完全相同、实体之间的联系在不同局部视图中呈现不同的类型)。

(2) 修改与重构。消除不必要的冗余,生成基本 E-R 图。冗余的数据是指可由基本数据导出的数据、冗余的联系是指可由其他联系导出的联系、冗余数据和冗余联系容易破坏数据库的完整性，给数据库维护增加困难。以数据字典和数据流图为依据、根据数据字典中关于数据项之间的逻辑关系的说明来消除冗余。

例 9－8 某 B2C 电子商务平台的视图集成。

图 9－9、图 9－12、图 9－13 分别为该平台销售、留言管理和书籍管理的分 E－R 图，图 9－14 为该系统的基本 E－R 图。

图 9－12 留言管理 E－R 图

图 9－13 书籍管理的分 E－R 图

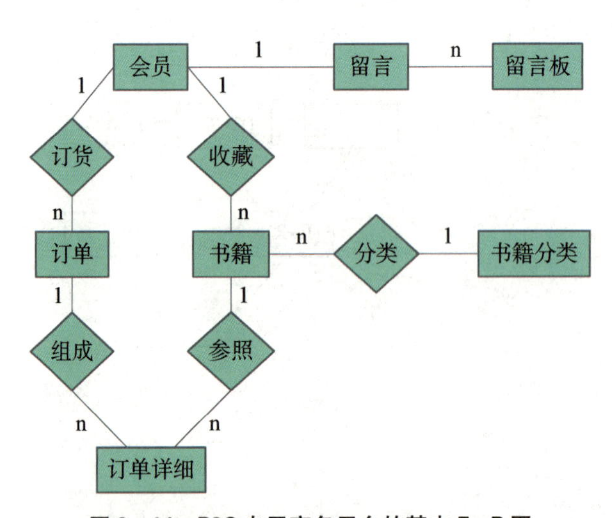

图 9－14 B2C 电子商务平台的基本 E－R 图

任务评价

主要测评项目		学生自评			
		A	B	C	D
专业知识	概念结构设计				

续 表

主要测评项目		学生自评			
		A	B	C	D
小组配合	讨论和交流				
小组评价	掌握E-R图的制作				
教师评价	掌握概念结构设计的方法与步骤，利用E-R模型描述系统概念结构的方法				

任务5 数据库设计的基本步骤之逻辑结构设计

任务描述

逻辑结构设计。

任务分析

掌握逻辑结构设计的步骤，从E-R图到关系模型的转换方法。

任务实施

逻辑结构设计的任务：把概念结构设计阶段设计好的基本E-R图转换为与选用DBMS(例如SQL Server 2012)产品所支持的数据模型相符合的逻辑结构。

逻辑结构设计的步骤：

(1) 将概念结构转化为一般的关系、网状、层次模型；

(2) 将转换来的关系、网状、层次模型向特定DBMS支持下的数据模型转换；

(3) 对数据模型进行优化。

E-R图向关系模型的转换要解决的问题：

(1) 如何将实体型和实体间的联系转换为关系模式；

(2) 如何确定这些关系模式的属性和码。

注意：一个实体型转换为一个关系模式。实体的属性就是关系的属性，实体的码就是关系的码。

实体型间的联系有以下不同情况：

(1) 一个1:1联系可以转换为一个独立的关系模式，也可以与任意一端对应的关系模式合并。

(2) 一个1:n联系可以转换为一个独立的关系模式，也可以与n端对应的关系模式合并。

(3) 一个m:n联系转换为一个关系模式。

例如："选修"联系是一个m:n联系，可以将它转换为如下关系模式，其中学号与课程号为关系的组合码：选修(学号，课程号，成绩)。

(4) 三个或三个以上实体间的一个多元联系转换为一个关系模式。

例如有如图9-15的E-R图。

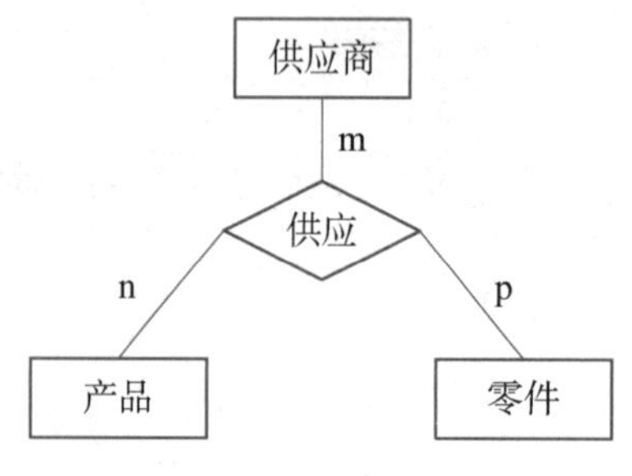

图9-15 供应E-R图

"供应"联系是一个三元联系，可以将它转换为如下关系模式，其中供应商号、产品号和零件号为关系的组合码：

讲授(供应商号，产品号，零件号，……)。

(5) 具有相同码的关系模式可合并。目的：减少系统中的关系个数。合并方法：将其中一个关系模式的全部属性加入另一个关系模式中，然后去掉其中的同义属性(可能同名也可能不同名)，并适当调整属性的次序。

例9-9 把图9-13的基本E-R图转换为关系模型。

会员实体对应的关系模式：

会员(用户名，用户密码，级别，密码提示问题，密码答案，用户真实姓名，通信地址，邮政编码，电子邮件，联系电话，QQ，注册时间)。

订单实体对应的关系模式：

订单(订单编号，用户名，总订购书数，客户状态，购买时间，书款合计，应付金额，客户特别要求，管理员是否发货，发货时间，收货人姓名，收货人地址，收货人邮编，收货人电话，收货人email)。

书籍实体对应的关系模式：

书籍(图书编号，ISBN，书名，作者，出版社，版别版次，字数，页数，附带物，kindid，图书进价，定价，打折，内容简介，图书目录，数量，图片，上架时间)。

订单详细实体对应的关系模式：

订单详细(图书编号,订单编号,订购书数,各书款合计,各应付金额)。

留言板实体对应的关系模式:

留言板(id,主题,内容,留言人用户名,email,留言时间,回复内容)。

书籍分类实体对应的关系模式:

书籍分类(kindid,类别名称)。

联系"favorite(收藏)"转换为一个独立的关系模式,所对应的关系模式:

收藏夹(id,用户名,图书编号,时间)。

得到初步数据模型后,还应该适当地修改、调整数据模型的结构,以进一步提高数据库应用系统的性能,这就是数据模型的优化。关系数据模型的优化通常以规范化理论为指导。

优化数据模型的方法:

- 确定数据依赖

按需求分析阶段所得到的语义,分别写出每个关系模式内部各属性之间的数据依赖以及不同关系模式属性之间数据依赖。

- 消除冗余的联系

对于各个关系模式之间的数据依赖进行极小化处理,消除冗余的联系。

- 确定所属范式

(1) 按照数据依赖的理论对关系模式逐一进行分析。

(2) 考查是否存在部分函数依赖、传递函数依赖、多值依赖等。

(3) 确定各关系模式分别属于第几范式。

任务评价

主要测评项目		学生自评			
		A	B	C	D
专业知识	逻辑结构设计				
小组配合	讨论和交流				
小组评价	掌握从 E-R 图到关系模型的转换方法				
教师评价	掌握逻辑结构设计的步骤,从 E-R 图到关系模型的转换方法				

任务6
数据库设计的基本步骤之物理结构设计

任务描述

物理结构设计。

任务分析

掌握物理结构设计的方法。

任务实施

物理结构设计是指为给定的基本数据模型选择一个最适合应用环境的物理结构的过程。数据库的物理结构设计主要是指数据库的存储记录格式、存取记录安排和存取方法，包括数据的存储位置和存储结构，数据关系、索引、日志、备份及系统存储参数的配置等。

(1) 设置数据结构，规划每一数据表的属性的属性名、类型、宽度。会员(用户名，用户密码，级别，密码提示问题，密码答案，用户真实姓名，通信地址，邮政编码，电子邮件，联系电话，QQ，注册时间)。

订单(订单编号，用户名，总订购书数，客户状态，购买时间，书款合计，应付金额，客户特别要求，管理员是否发货，发货时间，收货人姓名，收货人地址，收货人邮编，收货人电话，收货人 email)。

书籍(图书编号，ISBN，书名，作者，出版社，版别版次，字数，页数，附带物，kindid，图书进价，定价，打折，内容简介，图书目录，数量，图片，上架时间)。

订单详细(图书编号，订单编号，订购书数，各书款合计，各应付金额)。

留言板(id，主题，内容，留言人用户名，email，留言时间，回复内容)。

书籍分类(kindid，类别名称)。

收藏夹(id，用户名，图书编号，时间)。

说明：主键为带下划线的。

(2) 设置参照属性，主要设置外键关系，例如订单详细(图书编号，订单编号，订购书数，各书款合计，各应付金额)中的图书编号参照书籍(图书编号，ISBN，书名，作者，出版社，版别版次，字数，页数，附带物，kindid，图书进价，定价，打折，内容简介，图书目录，数量，图片，上架时间)中的图书编号；订单编号参照订单(订单编号，用户名，总订购书数,客户状态,购买时间,书款合计,应付金额,客户特别要求,管理员是否发货,发货时间,收货人姓名,收货人地址,收货人邮编,收货人电话,收货人 email)中的订单编号。其他参照性省略。

(3) 确定数据库名称:dianzishangwu2。

(4) 设计索引:每个数据表关于主关键字建立索引文件。

(5) 设置视图。

(6) 设置存储过程。

(7) 设置触发器。

任务评价

主要测评项目		学生自评			
		A	B	C	D
专业知识	物理结构设计				
小组配合	讨论和交流				
小组评价	掌握物理结构设计的方法				
教师评价	掌握物理结构设计的方法				

任务 7
数据库设计的基本步骤之数据库实施

数据库实施。

数据库实施。

现在我们可以根据物理设计的结果产生一个具体的数据库,并把原始数据输入数据库,应用程序的编码与调试。

1. 创建备份文件

```
exec sp_addumpdevice 'disk','scbk','d:\data\stbk. bak'
backup database dianzishangwu2 to scbk
```

2. 创建数据表文件

```
create table [dbo].[书籍](
[图书编号] [int]identity(1,1) not null,
[ISBN] [nvarchar](50) null,
[书名] [nvarchar](50) null,
[作者] [nvarchar](50) null,
[出版社] [nvarchar](50) null,
[版别版次] [nvarchar](50) null,
[字数] [nvarchar](50) null,
[页数] [int]null,
[附带物] [nvarchar](50) null,
[kindid] [int]null,
[图书进价] [float] null,
[定价] [float] null,
[打折] [float] null,
[内容简介] [ntext] null,
[图书目录] [ntext] null,
[数量] [int] null,
[图片] [nvarchar](50) null,
[上架时间] [smalldatetime] null,
constraint [pk_book] primary key clustered
(
[图书编号]ASC
)with (pad_index=off,statistics_norecompute=off,ignore_dup_key=off,
allow_row_locks=on,allow_page_locks=on) on [primary]
) on [primary] textimage_on [primary]
```

其他表的创建和主外键设置省略。

3. 视图

可根据需要创建视图。

4. 存储过程

可根据需要创建存储过程。

5. 触发器

可根据需要创建触发器。

任务评价

主要测评项目		学生自评			
		A	B	C	D
专业知识	数据库实施				
小组配合	讨论和交流				
小组评价	掌握数据库实施				
教师评价	掌握数据库实施				

任务 8 数据库设计的基本步骤之数据库运行和维护阶段

任务描述

数据库运行和维护阶段。

任务分析

掌握数据库运行和维护阶段。

任务实施

数据库投入正式运行，标志着数据库设计与应用开发工作的结束和运行维护阶段的开始。在数据库运行阶段，对数据库经常性的维护工作是由 DBA 完成的，它包括以下工作：

(1) 维护数据库的安全性和完整性。

(2) 测试并改善数据库性能：分析评估存储空间和响应时间，必要时进行再组织。

(3) 增加新功能：必要时对现有功能按用户需要进行扩充。

(4) 修改错误：包括程序和数据。

任务评价

主要测评项目		学生自评			
		A	B	C	D
专业知识	数据库运行和维护				
小组配合	讨论和交流				
小组评价	掌握数据库运行和维护				
教师评价	掌握数据库运行和维护				

习题 9

一、选择题

1. 在两个实体类型间有一个 m:n 联系时，这个结构转换成的关系模式有（　　）。

(A) 1　　(B) 2　　(C) 3　　(D) 4

2. 在关系数据库设计中，设计关系模式是（　　）的任务。

(A) 需求分析阶段　　(B) 概念设计阶段

(C) 逻辑设计阶段　　(D) 物理设计阶段

3. 下列不属于数据库设计阶段的是（　　）。

(A) 需求分析　　(B) 系统设计

(C) 概念结构设计　　(D) 物理结构设计

4. 在关系 A(＃,RN,B＃)和 B(B＃,SN,SD)中，A 的主键是 A＃，B 的主键是 B＃，则 B＃在 A 中称为（　　）。

(A) 外键　　(B) 候选键　　(C) 主键　　(D) 超键

5. 数据库概念设计的 E－R 方法中，用属性描述实体的特征，属性在 E－R 图中，用（　　）表示。

(A) 矩形　　(B) 四边形　　(C) 菱形　　(D) 椭圆形

6. 设 R 是一个关系模式，如果 R 中的每一个属性都是不可分解的，则称 R 属于（　　）。

(A) 第一范式　　(B) 第二范式

(C) 第三范式　　(D) BC 范式

7. 数据库逻辑设计主要任务是把（　　）转换为所选用的 DBMS 支持的数据模型。

(A) 逻辑结构　　(B) 物理结构　　(C) 概念结构　　(D) 层次结构

8. 在数据库设计过程使用（　　）可以很好地描述数据处理系统中信息的变换和传递过程。

(A) E-R 图　　(B) 数据流图　　(C) 程序结构图　　(D) 程序框图

二、设计题

有如下运动队和运动会两个方面的实体。

(1) 运动队方面。

- 运动队:队名,教练姓名,队员姓名。
- 队员:队员编号,队员姓名,性别,项目名。

其中,一个运动队有多个队员,一个队员仅属于一个运动队,一个队一般有一个教练。

(2) 运动会方面。

- 运动队:队编号,队名,教练姓名。
- 项目:项目名,参加运动队编号,队员姓名,性别,比赛场地。

其中,一个项目多个队参加,1 个队可参加多个项目,一个运动员可参加多个项目,一个项目可由多个运动员参加,一个项目一个比赛场地。

根据以上情况和假设,请完成如下设计:

(1) 分别设计运动队和运动会两个局部 E-R 图。

(2) 将它们合并为一个全局 E-R 图。

(3) 将这全局 E-R 图转换为关系模式,并标出主键。

(4) 合并时是否存在命名冲突? 如何解决?

三、图片新闻网站的数据库设计

(1) 要有网站(系统)前/后台,后台必须管理员登录才能够访问,用户分为普通用户和管理员。

(2) 新闻能够进行分类,类别单独一张表。

(3) 图片放在数据库表中,图片能够上传。

模块十

数据库应用程序开发

本模块主要介绍了 B/S 架构体系、.net 框架、Microsoft Visual Studio 2010、asp.net、数据源控件，以及使用 ado.net 存取数据库、使用存储过程。

项目一
B/S 架构体系

掌握 B/S 架构体系。

任务 1
B/S 架构体系

任务描述

掌握 B/S 架构体系。

任务分析

掌握 B/S 架构体系。

任务实施

以 Internet/Intranet 为网络环境的 B/S(Browser/Server)模式:将 Web 技术和数据库结合在一起,形成跨平台开放性的具有多媒体应用特征的信息服务。包括的技术有 TCP/IP、数据库、Web 技术、HTTP 协议等。

B/S 适应了 Web 技术的发展,结合 Web 技术和数据库技术,是 C/S 模式在 Internet 环境下的新的体现方式。其结构如图 10-1 所示。

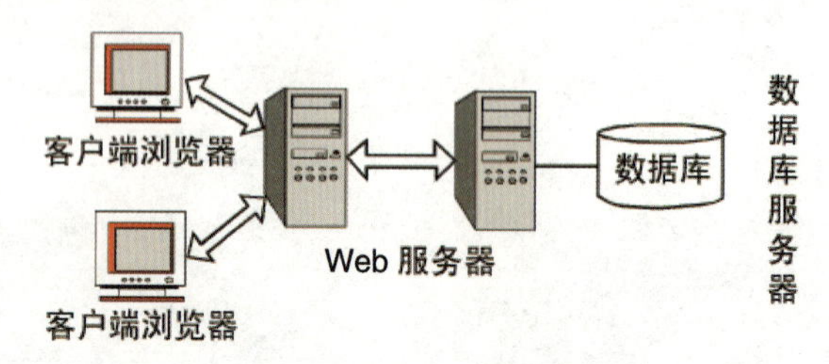

图 10-1　B/S 架构体系

任务评价

主要测评项目		学生自评			
		A	B	C	D
专业知识	B/S 架构体系				
小组配合	讨论和交流				
小组评价	掌握 B/S 架构体系				
教师评价	掌握 B/S 架构体系				

项目二
.net 框架简介

.net 框架简介。

任务 1 .net 框架简介

任务描述

掌握. net 框架简介。

任务分析

掌握. net 框架简介。

任务实施

. net 的核心是. net 框架(. net Framework)它是构建于以计算机网络为基础上的开发工具。. net 框架的基本结构如图 10 - 2 所示。

网页	Windows 窗体
Web 窗体、Web 服务	窗体、控件
asp. net 网络应用程序	Windows 应用程序
基础类库(Basic Classes)	
公共语言运行时环境(Common Language Runtime, CLR)	

图 10 - 2 .net 框架基本结构图

任务评价

主要测评项目		学生自评			
		A	B	C	D
专业知识	.net 框架简介				
小组配合	讨论和交流				
小组评价	掌握.net 框架				
教师评价	掌握.net 框架				

项目三 Microsoft Visual Studio 2010 编辑

Microsoft Visual Studio 2010 编辑。

任务 1 Microsoft Visual Studio 2010 编辑

任务描述

Microsoft Visual Studio 2010 编辑。

任务分析

Microsoft Visual Studio 2010 编辑。

任务实施

Visual Studio 是微软公司推出的开发环境，是目前最流行的 Windows 平台应用程序开发环境。Visual Studio 2010 版本于 2010 年 4 月 12 日上市，其集成开发环境(IDE)的界面被重新设计和组织，变得更加简单明了。Visual Studio 2010 同时带来了 NET Framework 4.0、Microsoft Visual Studio 2010 CTP(Community Technology Preview — CTP)，并且支持开发面向 Windows 7 的应用程序。除了 Microsoft SQL Server，它还支持 IBM DB2 和 Oracle 数据库。

任务评价

主要测评项目		学生自评			
		A	B	C	D
专业知识	介绍 Microsoft Visual Studio 2010				
小组配合	讨论和交流				
小组评价	学会介绍 Microsoft Visual Studio 2010				
教师评价	学会介绍 Microsoft Visual Studio 2010				

项目四 asp.net 简介

asp.net 简介。

任务 1 asp.net 简介

asp. net 简介。

任务分析

asp. net 简介。

任务实施

asp. net 目前主要的支持语言有 C#、VB. net 等。与早期的 asp 相比，asp. net 有了本质上的变化，不能将 asp. net 看成是 asp 的简单升级。asp. net 的主要优点有以下几个方面：

（1）使用. net 提供的所有类库，全面支持面向对象的程序设计，可以实现以往 asp 不能实现的许多功能。

（2）引入服务器控件的概念，使开发更加方便。

（3）引入了 ado. net 数据访问接口，大大提高了数据库访问效率。

（4）asp. net 可以在 Visual Studio 中开发，支持所见即所得、拖放控件和自动部署等功能，可以使开发效率大大提高。

（5）由于 asp. net 应用程序的核心部分在发布到 IIS 网站前已被编译成了. dll 文

件，所以执行效率更快。但 asp. net 目前只能运行在 Windows 操作系统的 IIS 环境中。

（6）Web 服务。所谓 Web 服务，就是一种特殊的 Web 组件，该组件有一些属性和方法，其他网上应用程序或传统应用程序可以远程调用这些属性和方法，并返回一个简单的结果。

创建一个简单的 asp. net 网站的步骤，在 VS 2010 中创建一个 asp. net 4. 0 网站，一般需要经过以下几个步骤：

（1）根据用户需求进行问题分析，构思出合理的程序设计思路。

（2）创建一个新的 asp. net 网站。

- 先在 F 盘建立 asp. net 文件夹，然后在该文件夹中建立 c#-snl 文件夹。
- 打开 VS2010，依次选择“工具”→“选项”→“项目和解决方案”→“常规”，设置如图 10－3 所示。然后单击“确定”按钮。

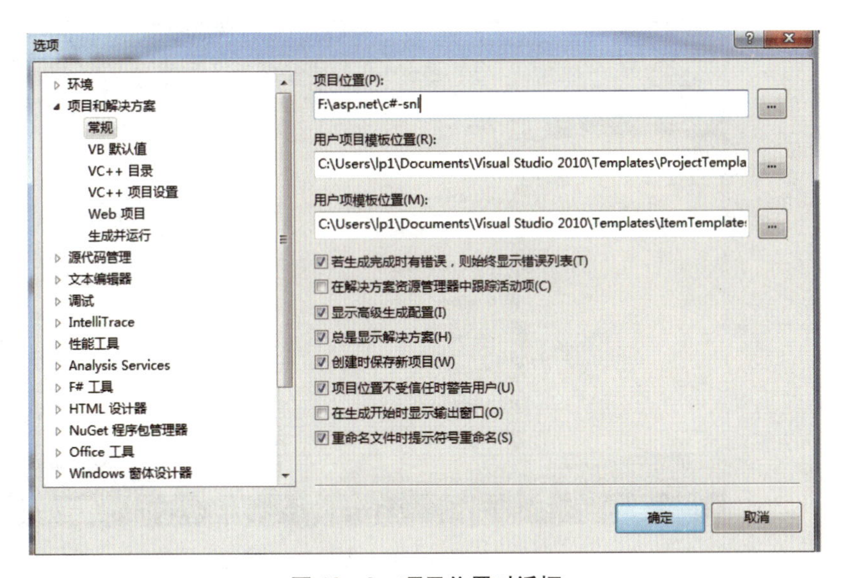

图 10－3　项目位置对话框

- 依次选择“文件”→“新建”→“网站”，设置如图 10－4 所示。然后单击“确定”按钮。
- 在弹出的界面右上角选择 f:\asp. net\sqlserver，单击右键，在弹出式菜单中选中“添加新项”。弹出如图 10－5 所示界面，设置好后。然后单击“添加”按钮。

（3）设计网站包含的所有 Web 页面的外观。

（4）设置页面中所有控件对象的初始属性值。

（5）编写用于响应系统事件或用户事件的代码。

（6）试运行并调试程序，纠正存在的错误，调整程序界面，提高容错能力和操作的便捷性，使程序更符合用户的操作习惯。通常将这一过程称为提高程序的“友好性”。

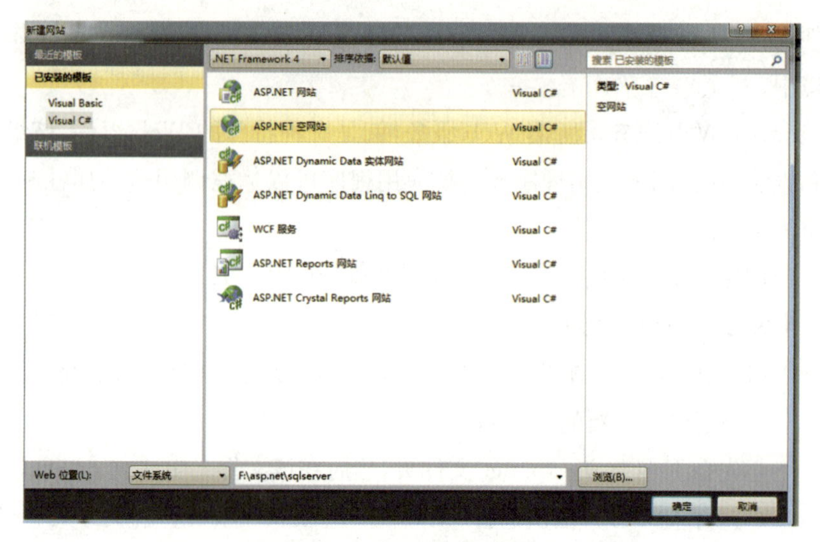

图 10-4 新建网站对话框

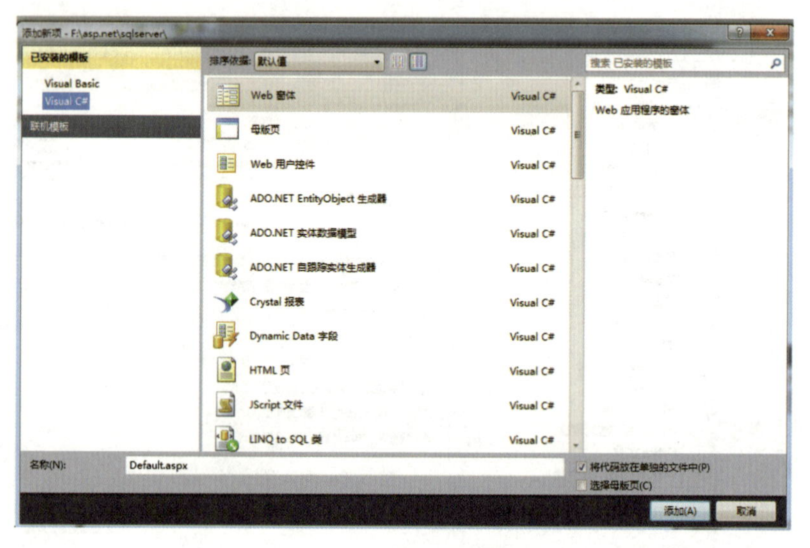

图 10-5 添加 Web 窗体

主要测评项目		学生自评			
		A	B	C	D
专业知识	asp.net 简介				
小组配合	讨论和交流				
小组评价	掌握 asp.net 的简介				
教师评价	掌握 asp.net 的简介				

项目五
数据源控件的介绍

数据源控件的介绍。

任务1
数据源控件的介绍

任务描述

数据源控件的介绍。

任务分析

数据源控件的介绍。

任务实施

从 asp. net2. 0 开始，asp. net 在 ado. net 的数据模型基础上进行了进一步的封装和抽象，提出了一个新的概念“数据源控件”(DataSource Control)，这些控件被放置在 VS2010 工具箱的“数据”选项卡中，分别以 xxxxDataSource 命名(如 SqlDataSource、AccessDataSource 等)。在数据源控件中隐含有大量常用的数据库操作基层代码，使用数据源控件配合数据绑定控件(如 GridView、DataList 等)可以方便地实现对数据库的常规操作，而且不需要编写任何代码，在程序运行时数据源控件是不会被显示到屏幕上的，但它却能在后台完成许多重要的工作。数据源控件的类型主要有以下几种：

1. AccessDataSource

AccessDataSource 数据源控件是专门为连接 Microsoft Access 数据库而设计的。

只能连接 mdb 结尾的 access 数据库。

2. SqlDataSource

SqlDataSource 数据源控件是专门为连接微软 SQL Server 数据库设计的，在中等以上规模的 asp. net 网站中建议使用该数据库。使用 SqlDataSource 控件还能建立与 Oracle、ODBC、OLEDB 等数据库的连接，并对数据库执行查询、插入、编辑、删除操作。

3. ObjectDataSource

当应用系统较复杂，需要使用三层分布式架构时，可以将中间层的逻辑功能封装到这个控件中，以便在应用程序中共享。通过 ObjectDataSource 控件可以连接和处理数据库、数据集、DataReader 或其他任意对象。

4. XmlDataSource

XML 文件通常用来描述层次型数据，通过 XmlDataSource 数据源控件可以将一个 XML 文件绑定到一个用于显示层次结构的 TreeView 控件上，使用户可以方便、明了地访问 XML 文件中的数据。

5. LinqDataSource

支持通过标记文本在 asp. net 网页中使用语言集成查询(LINQ)，以从数据对象中检索和修改数据。

6. SiteMapDataSource

提供了一个数据源控件，Web 服务器控件及其他控件可使用该控件绑定到分层的站点地图数据。

主要测评项目		学生自评			
		A	B	C	D
专业知识	数据源控件的介绍				
小组配合	讨论和交流				
小组评价	掌握数据源控件的介绍				
教师评价	掌握数据源控件的介绍				

任务 2
GridView 控件连接数据库

任务描述

GridView 控件连接数据库。

任务分析

GridView 控件连接数据库。

任务实施

GridView 控件用于配合数据源控件实现对数据库进行浏览、编辑、删除等操作。数据源控件主要用于连接 SQL Server 数据库的 SqlDataSource。

程序运行后在浏览器中显示如图 10－6 所示的画面，其中显示数据源中所有记录，单击某列标题（字段名），可使数据按此列进行排序（升序或降序）。

	学号	姓名	性别	出生日期	所在系	手机号码	家庭地址
编辑 删除	114L0201	李丽	女	1995/2/12 0:00:00	汽车系	13111111111	浙江杭州
编辑 删除	114L0202	施瑜娟	女	1995/6/21 0:00:00	计算机系	13666666666	湖北武汉
编辑 删除	114L0203	陈威东	男	1995/11/8 0:00:00	商务系	13500000000	上海市
编辑 删除	114L0204	陈晓扬	男	1996/1/7 0:00:00	商务系	13711111111	广西南宁
编辑 删除	114L0205	刘胜美	女	1994/2/4 0:00:00	计算机系	13509876788	湖南株洲
编辑 删除	114L0206	黄思勤	男	1997/1/9 0:00:00	计算机系	13198076549	四川成都
编辑 删除	114L0207	刘呼兰	女	1996/2/4 0:00:00	化工系	13077777777	湖北武汉
编辑 删除	114L0208	刘呼兰1	女	1996/2/3 0:00:00	化工系	13077777777	湖北武汉

图 10－6　显示数据库表

如果用户单击页面中“删除”，则所在行的数据记录将直接从数据库中删除。

如果用户单击页面中“编辑”，则页面切换成如图 10－7 所示的编辑模式，用户在修改了数据后可单击“更新”将现有数据保存到数据库中，单击“取消”则放弃对数据的修改。

准备工作：在 SQL Server 2012 中新建登录名 Lanping 和登录密码 Lanping。先连接进入 SQL Server 2012，在如图 10－8 所示界面中选中“登录名”，单击右键，在弹出式菜单中选中“登录名—新建”，设置如图 10－9 所示。然后设置“服务器角色”，如图 10－10 所示。

	学号	姓名	性别	出生日期	所在系	手机号码	家庭地址
更新 取消	114L0201	李丽	女	1995/2/12 0:00:00	汽车系	13111111111	浙江 杭州
编辑 删除	114L0202	施瑜娟	女	1995/6/21 0:00:00	计算机系	13666666666	湖北武汉
编辑 删除	114L0203	陈威东	男	1995/11/8 0:00:00	商务系	13500000000	上海市
编辑 删除	114L0204	陈晓扬	男	1996/1/7 0:00:00	商务系	13711111111	广西南宁
编辑 删除	114L0205	刘胜美	女	1994/2/4 0:00:00	计算机系	13509876788	湖南株洲
编辑 删除	114L0206	黄思勤	男	1997/1/9 0:00:00	计算机系	13198076549	四川成都
编辑 删除	114L0207	刘呼兰	女	1996/2/4 0:00:00	化工系	13077777777	湖北武汉
编辑 删除	114L0208	刘呼兰1	女	1996/2/3 0:00:00	化工系	13077777777	湖北武汉

图 10-7　更新数据

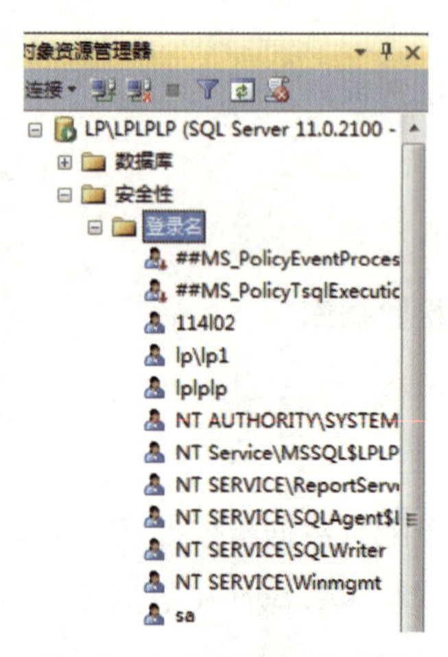

图 10-8　“登录名”主界面

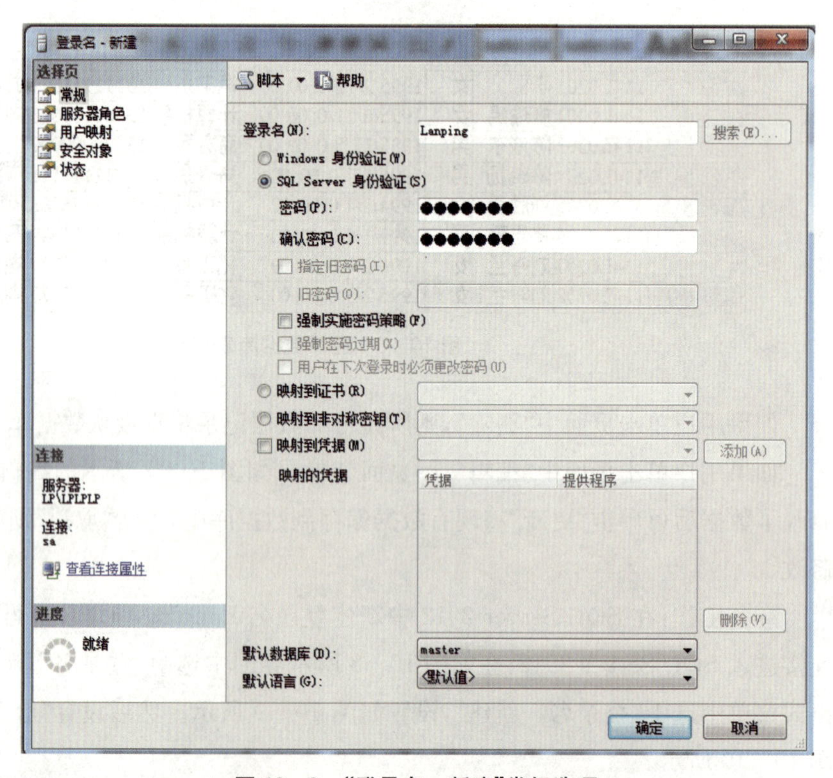

图 10-9　“登录名—新建”常规选项

图 10－10 “登录名—新建”服务器角色选项

最后设置“用户映射”选项。如图 10－11 设置所示。然后单击“确定”按钮即可。

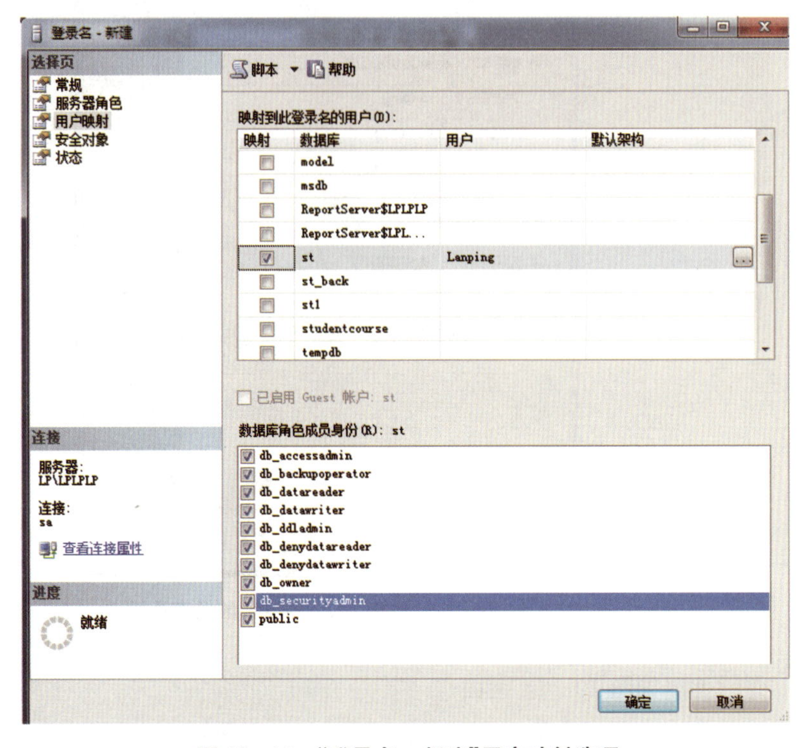

图 10－11 “登录名—新建”用户映射选项

这时在登陆名后出现“Lanping”登录名。

1. 添加数据源控件

双击工具箱“数据”选项卡中的 SqlDataSource 控件图标将其添加到 Web 窗体上，由于该控件在程序运行时是不可见的，故可以放置在页面的任何位置。如图 10－12 所示，单击“SqlDataSource 任务”栏中“配置数据源”超链接。

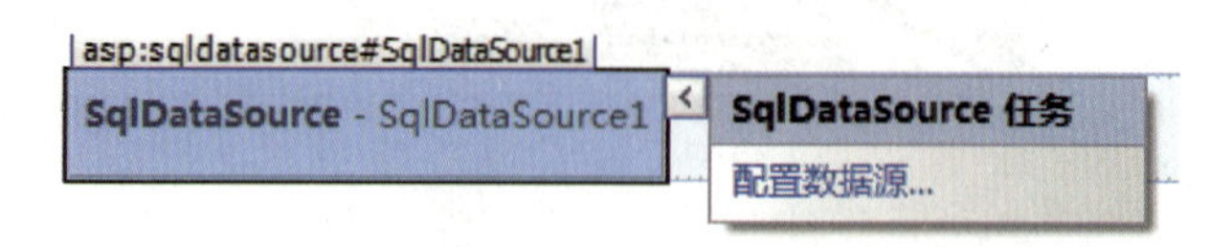

图 10－12 数据源控件主界面

在打开“配置数据源”对话框中单击“新建连接”，后弹出如图 10－13 所示界面。注意下面图中用户名和密码是要先建好的登录名 Lanping 和密码 Lanping。

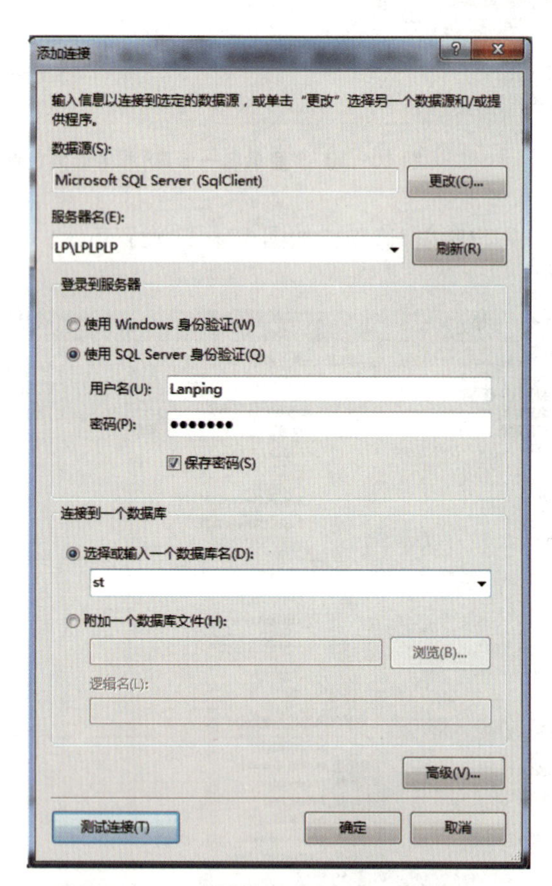

图 10－13 添加 SQL Server 数据库连接

而后弹出如图 10－14 画面。

然后单击“下一步”按钮。这时出现如图“配置数据源”主界面，如图 10－15 所示。

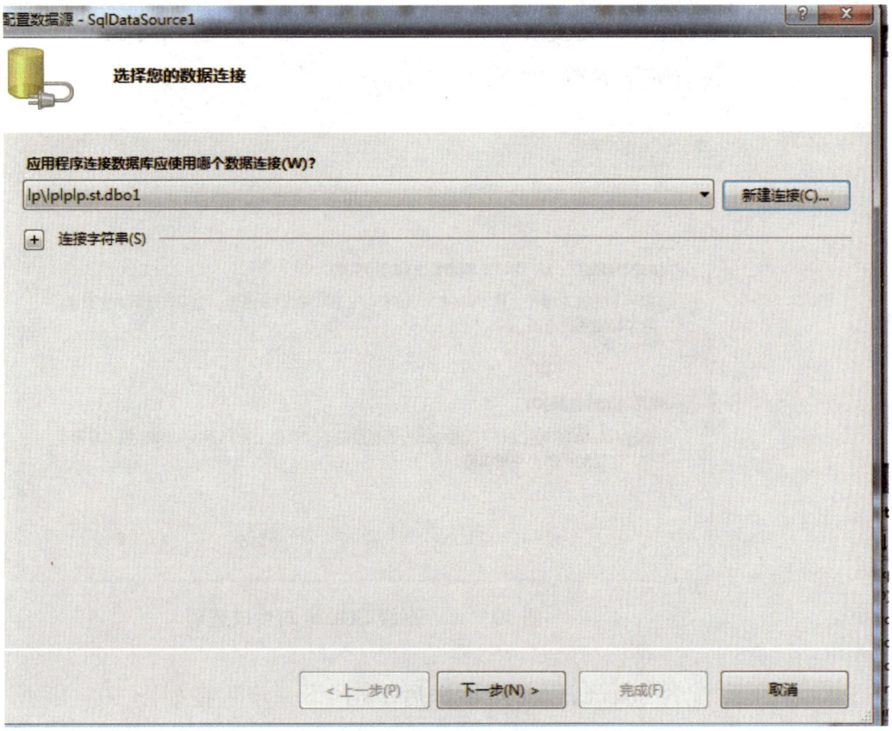

配置数据源 - SqlDataSource1

选择您的数据连接

应用程序连接数据库应使用哪个数据连接(W)?

lp\lplplp.st.dbo1

新建连接(C)...

连接字符串(S)

< 上一步(P)　下一步(N) >　完成(F)　取消

图 10－14　数据连接主界面

配置数据源 - SqlDataSource1

配置 Select 语句

希望如何从数据库中检索数据?

指定自定义 SQL 语句或存储过程(S)

指定来自表或视图的列(T)

名称(M):

student

列(O):

*
学号
姓名
性别
出生日期
所在系
手机号码
家庭地址

只返回唯一行(E)

WHERE(W)...

ORDER BY(R)...

高级(V)...

SELECT 语句(L):

SELECT * FROM [student]

< 上一步(P)　下一步(N) >　完成(F)　取消

图 10－15　“配置 Select 语句”主界面

若单击对话框“高级”按钮将打开如图 10－16 所示的对话框，用户可选择是否自动生成用于添加记录、更新数据和删除记录的 SQL 语句，同时也可选择是否使用“开放式并发”，设置完毕后单击“确定”按钮。

图 10－16　高级 SQL 语句生成选项

返回到“配置 select 语句”对话框后单击“下一步”，在如图 10－17 所示的对话框中单击“测试查询”按钮，在数据区应能显示出正确的返回结果。测试完毕后单击“完成”按钮结束“数据源配置”向导。

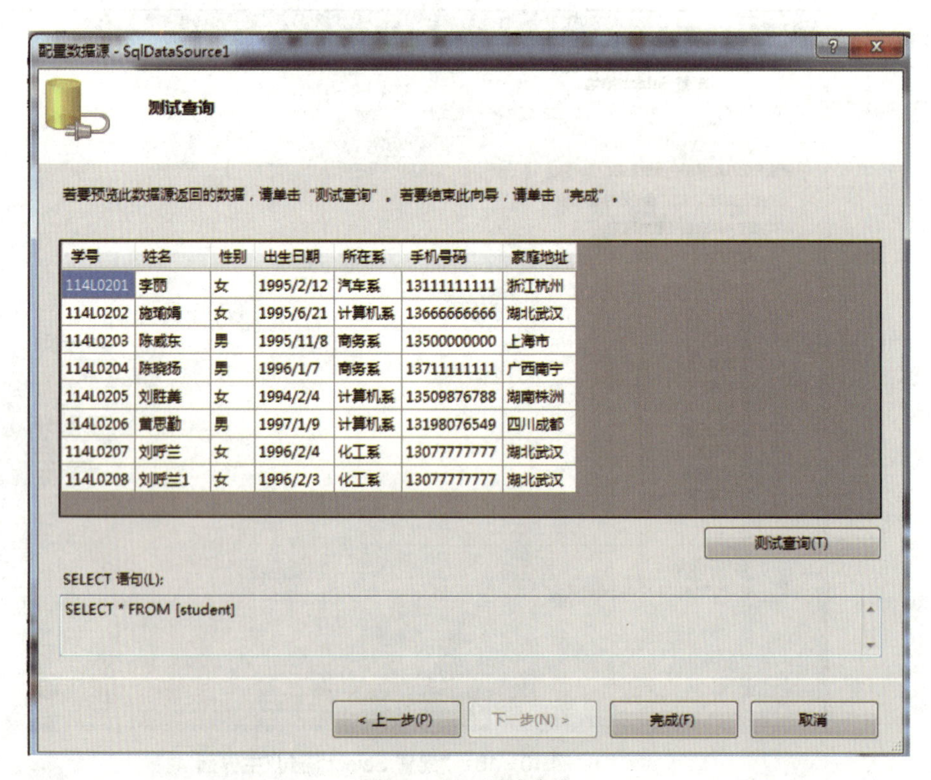

图 10－17　测试查询

这时在 web.config 中生成如下代码：

<connectionStrings>

<add name="stConnectionString" connectionString="Data Source=LP\LPLPLP; Initial Catalog=st; Persist Security Info=True; User ID=Lanping; Password=Lanping"

providerName="System.Data.SqlClient"/>

</connectionStrings>

2. 添加 GridView 控件

双击工具箱"数据"选项卡中的 GridView 图标将其添加到页面中。在如图 10-18 所示的 GridView 任务菜单中单击"选择数据源"下拉列表框，并选择前面创建的 SqlDataSource，将数据源绑定到 GridView 控件。

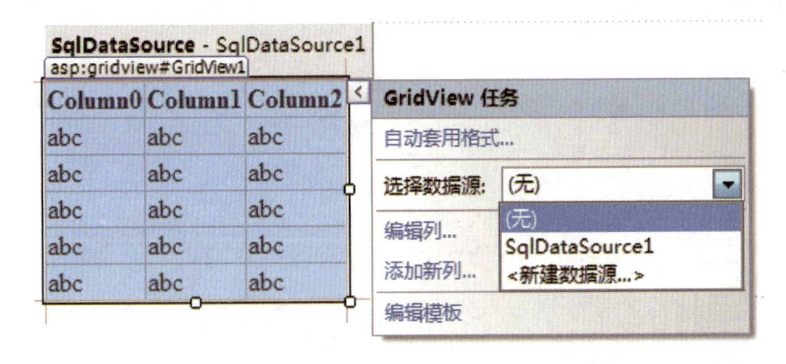

图 10-18　数据源绑定到 GridView

如图 10-19 所示，在选择了数据源后，GridView 任务菜单中将多出若干选项。若希望程序具有"分页"、"排序"、"编辑"、"删除"等数据库操作功能可选择相应的复选框。

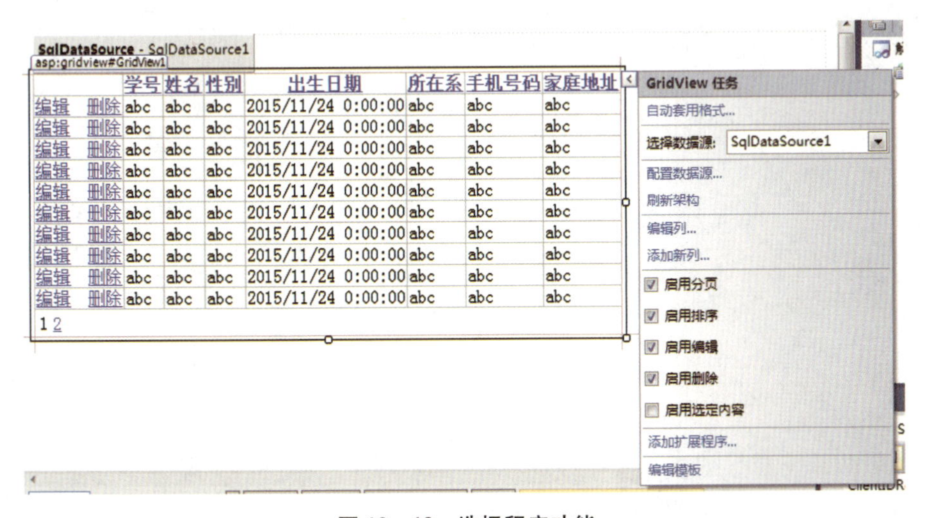

图 10-19　选择程序功能

可以对 GridView 控件进行美工，在图 10－19 中，单击“自动套用格式”，出现对话框，可以对“架构”进行选择。然后运行程序即可。

任务评价

主要测评项目		学生自评			
		A	B	C	D
专业知识	GridView 控件连接数据库				
小组配合	讨论和交流				
小组评价	掌握 GridView 控件连接数据库				
教师评价	掌握 GridView 控件连接数据库				

项目六
使用 ado.net 存取数据库

学习目标

使用 ado.net 存取数据库。

任务 1
ado.net 简介

任务描述

ado. net 简介。

任务分析

ado. net 简介。

任务实施

在 asp. net 中，除了可以使用数据控件完成数据库信息的浏览和操作外，还可以使用 ado. net 提供的各种对象，通过编写代码自由地实现各类数据库操作功能。准确地说，ado. net 是由很多类组成的一个类库，这些类提供了很多对象，分别用来完成和数据库的连接、查询记录、插入记录、更新记录和删除记录等操作。其中包括如下 5 个对象。

(1) Connection 对象：用来连接到数据库(OLE DB 使用 OleDbConnection 对象，而 SQL Server 则使用 SqlConnection 对象)。

(2) Command 对象：用来对数据库执行 SQL 命令，如插入，删除，修改，查询(附注同上)。

(3) DataReader 对象：用来从数据库返回只读数据(附注同上)。

(4) DataAdapter 对象：与 DataSet 对象结合使用，实现对数据库的控制（附注同上）。

(5) DataSet 对象：它可以看作是内存中的数据库。

这 5 个对象提供了两种读取数据库的方式：

第一种利用 Connection，Command，DataReader：权限只能读取或查询数据库；

第二种利用 Connection，Command，DataAdapter，DataSet：权限能进行各种数据库的操作。

如图 10 - 20 所示。

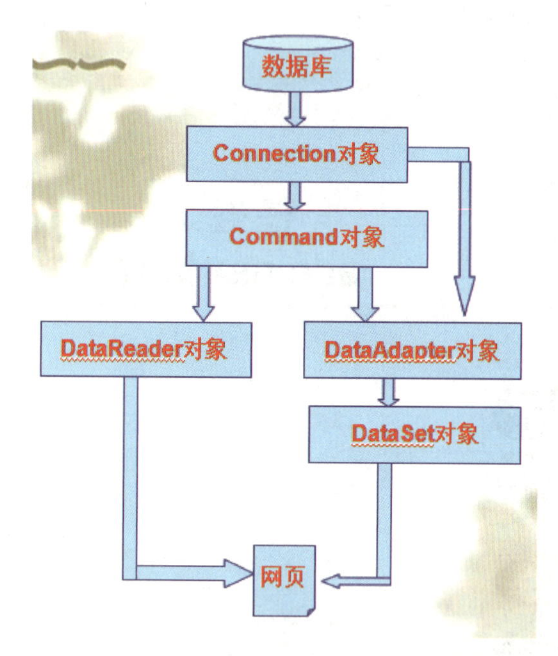

图 10 - 20　ado.net 读取数据库示意图

ado.net 提供了两套类库：

第一类库：存取所有基于 OLE DB 提供的数据库，如 ACCESS，SQL Server，ORACLE；

这种方式，需要在页面中导入如下的名称空间：

using System.Data;

using System.Data.OleDb。

第二类库：专门用来存取 SQL Server 数据库。

这种方式，需要在页面中导入如下的名称空间：

using System.Data;

using System.Data.SqlClient.

注意：对于 SQL Server 我们最好用第二类库。

任务评价

主要测评项目		学生自评			
		A	B	C	D
专业知识	ado. net 简介				
小组配合	讨论和交流				
小组评价	掌握 ado. net 的简介				
教师评价	掌握 ado. net 的简介				

任务 2 使用 ado.net 和 GridView 控件显示记录

任务描述

使用 ado. net 和 GridView 控件显示记录。

任务分析

使用 ado. net 和 GridView 控件显示记录。

任务实施

在本项目任务 1 中讲过两种读取数据库的方式。当利用 GridView 控件显示记录时,可以利用这两种方式,而且不需用到数据源控件。下面首先利用第一种方式。

例 10-1 使用 ado. net 和 GridView 控件显示记录(一),双击工具箱"数据"选项卡"GridView"控件图标将其添加到页面中。动态部分代码如下。

```
……
using System.Data;
using System.Data.SqlClient;
using System.Configuration;
protected void Page_Load(object sender,EventArgs e)
    {  //建立 Connection 对象
        SqlConnection SqlConnection = new SqlConnection(ConfigurationManager.
```

```
ConnectionStrings["stConnectionString"].ConnectionString);
            //建立 Command 对象
             SqlCommand cmd = new SqlCommand (" select * from student",
SqlConnection);
            SqlConnection.Open();                    //打开数据库连接
            //建立 DataReader 对象
            SqlDataReader dr=cmd.ExecuteReader();
            //下面将 DataReader 对象绑定到 DataGrid 控件
            GridView1.DataSource=dr;             //指定数据源
            GridView1.DataBind();                //执行绑定
            SqlConnection.Close();                    //关闭数据库连接
    }
```

程序运行效果图如图 10-21 所示。

学号	姓名	性别	出生日期	所在系	手机号码	家庭地址
114L0201	李丽	女	1995/2/12 0:00:00	汽车系	13111111111	浙江杭州
114L0202	施瑜娟	女	1995/6/21 0:00:00	计算机系	13666666666	湖北武汉
114L0203	陈威东	男	1995/11/8 0:00:00	商务系	13500000000	上海市
114L0204	陈晓扬	男	1996/1/7 0:00:00	商务系	13711111111	广西南宁
114L0205	刘胜美	女	1994/2/4 0:00:00	计算机系	13509876788	湖南株洲
114L0206	黄思勤	男	1997/1/9 0:00:00	计算机系	13198076549	四川成都
114L0207	刘呼兰	女	1996/2/4 0:00:00	化工系	13077777777	湖北武汉
114L0208	刘呼兰1	女	1996/2/3 0:00:00	化工系	13077777777	湖北武汉

图 10-21　程序的显示效果图

例 10-2　使用 ado.net 和 GridView 控件显示记录(二),双击工具箱"数据"选项卡"GridView"控件图标将其添加到页面中。动态部分代码如下。

```
……
using System.Data;
using System.Data.SqlClient;
using System.Configuration;
protected void Page_Load(object sender,EventArgs e)
    {
        //建立 Connection 对象
         SqlConnection SqlConnection=new SqlConnection(ConfigurationManager.
ConnectionStrings["stConnectionString"].ConnectionString);
        //建立 Command 对象
```

```
        SqlCommand cmd = new SqlCommand ( " select * from student",
SqlConnection);
        //建立 DataAdapter 对象
        SqlDataAdapter adp=new SqlDataAdapter(cmd);
        //建立 DataSet 对象
        DataSet ds=new DataSet();
        //填充 DataSet 对象
        adp.Fill(ds,"link");
        //绑定数据对象
        GridView1.DataSource=ds.Tables["link"].DefaultView;   //指定数
据源
        GridView1.DataBind();                                  //执
行绑定
    }
```

任务评价

主要测评项目		学生自评			
		A	B	C	D
专业知识	使用 ado.net 和 GridView 控件显示记录				
小组配合	讨论和交流				
小组评价	掌握使用 ado.net 和 GridView 控件显示记录				
教师评价	掌握使用 ado.net 和 GridView 控件显示记录				

项目七 使用存储过程

学习目标

使用存储过程。

任务1 使用存储过程

任务描述

使用存储过程。

任务分析

使用存储过程。

任务实施

存储过程是存放在服务器上的预先编译好的 SQL 语句(TRANSACT-SQL 代码),存储过程在第一次执行时进行语法检查和编译,编译好的版本存储在过程高速缓存中用于后续调用,这样使得执行更迅速,更高效。存储过程由应用程序激活,而不是由 SQL Server 自动执行。

假如有一套复杂的 SQL 语句需要在多个. aspx 文件中执行,可以把它们放入一个存储过程,然后执行该存储过程,这能减少. aspx 文件的大小。同时还能确保在每一页上执行的 SQL 语句都相同。

例 10-3 调用存储过程插入一条记录。

展开 st 数据库,展开"可编程性",选中"存储过程",单击右键,在弹出式菜单选中"新建存储过程",输入如下代码:

```
create procedure sc_add
(@成绩 int,@课程号 int,@学号 char(8))
as
begin
    insert into sc(成绩,课程号,学号) values(@成绩,@课程号,@学号)
end
```

然后执行该存储过程,显示“命令已成功完成”,生成一个名为“sc_add”的存储过程。

添加一个 add_sc. aspx 页面,设计如图 10 - 22 所示的界面。

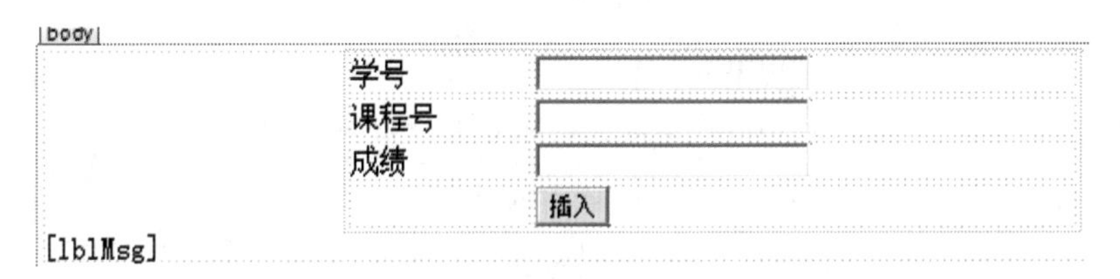

图 10 - 22　程序 add_sc. aspx 的界面图

双击插入按钮,添加如下代码:

```
……
using System. Data;
using System. Data. SqlClient;
using System. Configuration;
protected void Button1_Click(object sender,EventArgs e)
    {
        if (xuehao. Text = = "" | | kechenghao. Text = = "" | | chengji. Text
= = "")
        {
            Response. Write("<script language=javascript>alert('请输入完
整信息! ');</script>");
            return;
        }
        SqlConnection connections = new SqlConnection ( ConfigurationManager.
ConnectionStrings ["stConnectionString"]. ConnectionString);
        SqlCommand commnd=new SqlCommand("sc_add",connections);
        commnd. CommandType=CommandType. StoredProcedure;
        try
```

```
{
    commnd.Parameters.Add(new SqlParameter("@学号",
SqlDbType.VarChar,50));
    commnd.Parameters["@学号"].Value=xuehao.Text;
    commnd.Parameters.Add(new SqlParameter("@课程号",
SqlDbType.VarChar,50));
    commnd.Parameters["@课程号"].Value=kechenghao.Text;
    commnd.Parameters.Add(new SqlParameter("@成绩",
SqlDbType.Int));
    commnd.Parameters["@成绩"].Value=chengji.Text;
    commnd.Connection.Open();
    commnd.ExecuteNonQuery();
    commnd.Connection.Close();
    lblMsg.Text="<b>添加成功!</b>";
}
catch
{
    lblMsg.Text="<b>添加失败!</b>";
    lblMsg.Style["color"]="red";
}
}
```

任务评价

主要测评项目		学生自评			
		A	B	C	D
专业知识	.net调用使用存储过程				
小组配合	讨论和交流				
小组评价	掌握.net调用使用存储过程				
教师评价	掌握.net调用使用存储过程				

数据库表增加、删除、修改、分页和查询的实现

一、实训目的

1. 了解 ado. net 各个对象的功能。

2. 掌握 asp. net 访问 SQL Server 数据库的技术。

二、实训要求

新建一个 asp. net 网站，把所有文件建立在该网站内，并且该网站不要放在 C 盘。

三、实训步骤

利用 ado. net+GridView 控件实现查询、更新、删除记录和分页，该案例要建立 3 个文件：index. aspx（用来查询记录、更新记录、删除记录），add. aspx（插入记录），particular. aspx（详细页面，单击网站编号弹出详细页面）。表结构和数据如图 10－23、图 10－24 所示。

表 - dbo.link* 摘要

列名	数据类型	允许空
id	int	☐
sitename	nvarchar(50)	☑
url	nvarchar(50)	☑
intro	nvarchar(250)	☑
grade	int	☑
submit_date	datetime	☑
		☐

列属性

⊟ (常规)	
(名称)	id
默认值或绑定	
数据类型	int
允许空	否
⊟ 表设计器	
RowGuid	否
⊟ 标识规范	是
(是标识)	是
标识增量	1
标识种子	1
不用于复制	否
大小	4
⊞ 计算所得的列规范	
简洁数据类型	int

图 10－23　表结构

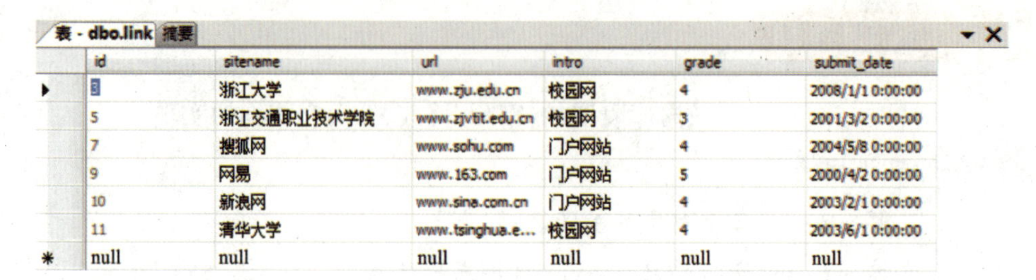

表 - dbo.link 摘要

id	sitename	url	intro	grade	submit_date
3	浙江大学	www.zju.edu.cn	校园网	4	2008/1/1 0:00:00
5	浙江交通职业技术学院	www.zjvtit.edu.cn	校园网	3	2001/3/2 0:00:00
7	搜狐网	www.sohu.com	门户网站	4	2004/5/8 0:00:00
9	网易	www.163.com	门户网站	5	2000/4/2 0:00:00
10	新浪网	www.sina.com.cn	门户网站	4	2003/2/1 0:00:00
11	清华大学	www.tsinghua.e...	校园网	4	2003/6/1 0:00:00
null	null	null	null	null	null

图 10 - 24　表数据

效果图如图 10 - 25 和图 10 - 26 所示。

请输入关键字(网站名称)　查找　【插入记录】

	网站编号	sitename	网址	intro	网站评分	submit_date
编辑 删除	16	微软主页	www.microsoft.com	微软公司主页1	5	2011/7/29 9:30:00
编辑 删除	3	浙江大学	www.zju.edu.cn	校园网	4	2011/7/25 15:28:21
编辑 删除	7	搜狐网	www.sohu.com	门户网站	4	2004/5/8 0:00:00
1 2 3						

图 10 - 25　首页运行效果图

插入记录

sitename:	必须输入网站名称
URL:	必须输入网址
intro:	
grade:	1
submit_date:	
	提 交

[message]

【取消添加，返回首页】

图 10 - 26　插入记录界面